JN069453

はじめに

本書は、WordやExcelは一通り学んだけれども、十分に使いこなせていないという方を対象に、数多くの問題を繰り返し解くことによって、基本操作をマスターしていただくことを目的にした問題集です。

Word25問、Excel25問の全50問を用意しており、様々な題材を通してビジネスやプライベートの各シーンにおけるWordやExcelの活用術も学ぶことができます。

本書を通して、WordとExcelの操作スキルを習得し、実務に活かしていただければ幸いです。

なお、基本機能の習得には、次のテキストをご利用ください。
- ●「よくわかる Microsoft Word 2019 基礎」(FPT1815)
- ●「よくわかる Microsoft Excel 2019 基礎」(FPT1813)

本書を購入される前に必ずご一読ください

本書は、2020年7月現在のWord 2019およびExcel 2019（16.0.10361.20002）に基づいて解説しています。

本書発行後のWindowsやOfficeのアップデートによって機能が更新された場合には、本書の記載のとおりに操作できなくなる可能性があります。あらかじめご了承のうえ、ご購入・ご利用ください。

2020年9月30日
FOM出版

目次

解答は、FOM出版のホームページで提供しています。P.4「6　学習ファイルと解答の提供について」を参照してください。

本書をご利用いただく前に

本書で学習を進める前に、ご一読ください。

1 本書で取り扱う問題について

本書の各Lessonで取り扱っている問題は、次のテキストで取り扱っている実習データをもとにしています。

内容が重複する場合がありますので、あらかじめご了承ください。

テキスト名	型番
よくわかる 初心者のためのMicrosoft Word 2019	FPT1903
よくわかる 初心者のためのMicrosoft Excel 2019	FPT1902

2 本書の構成について

本書は、次のような構成になっています。

■ Word 2019編 ■

文字の入力、文書の作成、印刷、表の作成、画像の挿入など、Wordの基本的な機能に関する練習問題です。

Lesson1～25まで全25問を用意しています。

■ Excel 2019編 ■

表の作成、数式の入力、グラフの作成、データベースの利用など、Excelの基本的な機能に関する練習問題です。

Lesson26～50まで全25問を用意しています。

■ 標準解答 ■

標準的な解答を記載したPDFファイルをFOM出版のホームページで提供しています。

PDFファイルを表示してご利用ください。

3　本書の記述について

操作の説明のために使用している記号には、次のような意味があります。

記述	意味	例
[＿＿]	キーボード上のキーを示します。	[Enter]　[Ctrl]
[＿＿]+[＿＿]	複数のキーを押す操作を示します。	[Ctrl]+[Enter] ([Ctrl]を押しながら[Enter]を押す)
《　　》	ダイアログボックス名やタブ名、項目名など画面の表示を示します。	《OK》をクリック 《ホーム》タブを選択
「　　」	重要な語句や機能名、画面の表示、入力する文字などを示します。	「Microsoft」と入力

 PDFファイルで提供している解答のページ番号

 学習の前に開くファイル

 問題を解くためのヒント

※　補足的な内容や注意すべき内容

4　製品名の記載について

本書では、次の名称を使用しています。

正式名称	本書で使用している名称
Windows 10	Windows 10 または Windows
Microsoft Word 2019	Word 2019 または Word
Microsoft Excel 2019	Excel 2019 または Excel

本書を学習するには、次のソフトウェアが必要です。

- ● Word 2019
- ● Excel 2019

本書を開発した環境は次のとおりです。
- ・OS：Windows 10（ビルド19041.329）
- ・アプリケーションソフト：Microsoft Office Professional Plus 2019
（16.0.10361.20002）
- ・ディスプレイ：画面解像度　1024×768ピクセル

※インターネットに接続できる環境で学習することを前提にしています。
※環境によっては、画面の表示が異なる場合や記載の機能が操作できない場合があります。

◆Office製品の種類

Microsoftが提供するOfficeには「Officeボリュームライセンス」「プレインストール版」「パッケージ版」「Microsoft365」などがあり、種類によってアップデートの時期や画面が異なることがあります。

※本書は、Officeボリュームライセンスをもとに開発しています。

●Microsoft365で《挿入》タブを選択した状態（2020年7月現在）

◆画面解像度の設定

画面解像度を本書と同様に設定する方法は、次のとおりです。
① デスクトップの空き領域を右クリックします。
②《ディスプレイ設定》をクリックします。
③《ディスプレイの解像度》の ∨ をクリックし、一覧から《1024×768》を選択します。

※確認メッセージが表示される場合は、《変更の維持》をクリックします。

◆ボタンの形状

ディスプレイの画面解像度やウィンドウのサイズなど、お使いの環境によって、ボタンの形状やサイズが異なる場合があります。ボタンの操作は、ポップヒントに表示されるボタン名を確認してください。

※本書に掲載しているボタンは、ディスプレイの画面解像度を「1024×768ピクセル」、ウィンドウを最大化した環境を基準にしています。

◆スタイルや色の名前

本書発行後のWindowsやOfficeのアップデートによって、ポップヒントに表示されるスタイルや色などの項目の名前が変更される場合があります。本書に記載されている項目名が一覧にない場合は、任意の項目を選択してください。

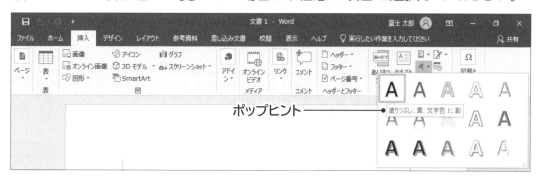

ポップヒント ─────

◆Word2019の設定

Wordの文書作成画面で、全角空白（□）や段落記号（↵）などの編集記号を表示しておくと、操作しやすくなります。
編集記号の表示・非表示を切り替えるには、次のように操作します。

① Wordを起動し、新しい文書を作成しておきます。
②《ホーム》タブを選択します。
③《段落》グループの ↵ （編集記号の表示/非表示）をクリックします。
※ボタンがオンの状態（濃い灰色）になります。

---

6 学習ファイルと解答の提供について

本書で使用する学習ファイルと解答は、FOM出版のホームページで提供しています。

ホームページ・アドレス

https://www.fom.fujitsu.com/goods/

ホームページ検索用キーワード

FOM出版

1 学習ファイル

学習ファイルはダウンロードしてご利用ください。

◆ダウンロード

学習ファイルをダウンロードする方法は、次のとおりです。

① ブラウザーを起動し、FOM出版のホームページを表示します。
※アドレスを直接入力するか、キーワードでホームページを検索します。
②《ダウンロード》をクリックします。
③《アプリケーション》の《Office全般》をクリックします。
④《Word 2019 & Excel 2019 スキルアップ問題集 操作マスター編　FPT2007》をクリックします。
⑤「fpt2007.zip」をクリックします。
⑥ ダウンロードが完了したら、ブラウザーを終了します。
※ダウンロードしたファイルは、パソコン内のフォルダー《ダウンロード》に保存されます。

◆ダウンロードしたファイルの解凍

ダウンロードしたファイルは圧縮されているので、解凍（展開）します。
ダウンロードしたファイル「fpt2007.zip」を《ドキュメント》に解凍する方法は、次のとおりです。
① デスクトップ画面を表示します。
② タスクバーの ■ （エクスプローラー）をクリックします。
③《ダウンロード》をクリックします。
※《ダウンロード》が表示されていない場合は、《PC》をダブルクリックします。
④ ファイル「fpt2007.zip」を右クリックします。
⑤《すべて展開》をクリックします。
⑥《参照》をクリックします。
⑦《ドキュメント》をクリックします。
※《ドキュメント》が表示されていない場合は、《PC》をダブルクリックします。
⑧《フォルダーの選択》をクリックします。
⑨《ファイルを下のフォルダーに展開する》が「C：¥Users¥（ユーザー名）¥Documents」に変更されます。
⑩《完了時に展開されたファイルを表示する》を ✔ にします。
⑪《展開》をクリックします。
⑫ ファイルが解凍され、《ドキュメント》が開かれます。
⑬ フォルダー「Word2019&Excel2019スキルアップ問題集 操作マスター編」が表示されていることを確認します。
※すべてのウィンドウを閉じておきましょう。

◆学習ファイルの一覧

フォルダー「Word2019&Excel2019スキルアップ問題集 操作マスター編」には、学習ファイルが入っています。タスクバーの ▣ （エクスプローラー）→《PC》→《ドキュメント》をクリックし、一覧からフォルダーを開いて確認してください。

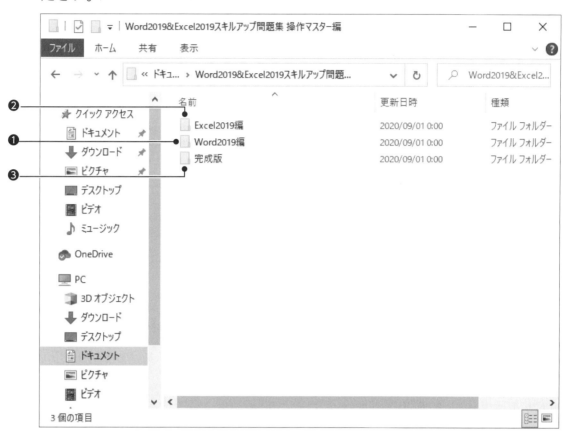

❶Word2019編
「Word2019編」で使用するファイルが収録されています。

❷Excel2019編
「Excel2019編」で使用するファイルが収録されています。

❸完成版
操作後の完成ファイルが収録されています。

◆学習ファイルの場所

本書では、学習ファイルの場所を《ドキュメント》内のフォルダー「Word2019&Excel2019スキルアップ問題集 操作マスター編」としています。《ドキュメント》以外の場所にコピーした場合は、フォルダーを読み替えてください。

◆学習ファイル利用時の注意事項

ダウンロードした学習ファイルを開く際、そのファイルが安全かどうかを確認するメッセージが表示される場合があります。学習ファイルは安全なので、《編集を有効にする》をクリックして、編集可能な状態にしてください。

2 解答

標準的な解答を記載したPDFファイルを提供しています。PDFファイルを表示してご利用ください。

パソコンで表示する場合	スマートフォン・タブレットで表示する場合
①ブラウザーを起動し、FOM出版のホームページを表示します。 ※アドレスを直接入力するか、キーワードでホームページを検索します。 ②《ダウンロード》をクリックします。 ③《アプリケーション》の《Office全般》をクリックします。 ④《Word 2019 & Excel 2019 スキルアップ問題集 操作マスター編 FPT2007》をクリックします。 ⑤「fpt2007_kaitou.pdf」をクリックします。 ⑥PDFファイルが表示されます。 ※必要に応じて、印刷または保存してご利用ください。	①スマートフォン・タブレットで下のQRコードを読み取ります。 ②PDFファイルが表示されます。

7 本書の最新情報について

本書に関する最新のQ&A情報や訂正情報、重要なお知らせなどについては、FOM出版のホームページでご確認ください。

ホームページ・アドレス

https://www.fom.fujitsu.com/goods/

ホームページ検索用キーワード

FOM出版

よくわかる

Word 2019編

文字の入力、文書の作成、印刷、表の作成、画像の挿入など、
Wordの基本的な機能に関する練習問題です。
Lesson1～25まで全25問を用意しています。

次のように文字を入力しましょう。

 **Wordを起動し、新しい文書を作成しておきましょう。**

① 広島へ牡蠣を食べに行った。

② 本日はアクセサリー全品20％OFFです。
※英字の大文字は、Shift を押しながら入力します。

③ その道路は、明日のAM6：00～PM3：00まで通行止めです。
※「～」は「から」と入力して変換します。

④ ♪Merry Christmas♪
※「♪」は「おんぷ」と入力して変換します。

⑤ 暗証番号を入力すると、「＊＊＊＊」が表示されます。
※「＊」は全角で入力します。

⑥ A＋B≧50
※「≧」は「けいさん」と入力して変換します。

⑦ 彼はニューヨークマラソンで42.195㌔を完走した。
※「㌔」は「きろ」と入力して変換します。

⑧ 〒140-0001　東京都品川区北品川
※「〒」は「ゆうびん」と入力して変換します。
※住所は郵便番号を入力して変換します。

⑨ 岑
※《IMEパッド》の手書きを使って入力します。

⑩ Microsoft® Word 2019

Hint! 「®」は、《挿入》タブ→《記号と特殊文字》グループの （記号の挿入）→《その他の記号》→《特殊文字》タブを使って入力します。

※文書を保存せずに、閉じておきましょう。

 **Word を起動し、新しい文書を作成しておきましょう。**

① 次のように文字を入力しましょう。

斎藤様 ↵

こんにちは。 ↵

先日はお茶会にお招きいただき、ありがとうございました。 ↵

大変素晴らしい会で楽しい時間を過ごすことができました。 ↵

ところで、同級生仲間で毎年行っている温泉旅行をそろそろ企画しようと思っています。 ↵

来週の水曜日に打ち合わせを兼ねて、ランチにでも行きませんか？ ↵

素敵なイタリアンのお店を見つけました。住所と電話番号、ホームページのアドレスは以下

のとおりです。ホームページをご覧になってみてください。 ↵

お忙しいとは思いますが、お返事をお待ちしております。 ↵

青木□良枝 ↵

↵

イタリアンレストラン□Lapala ↵

〒358-0001□埼玉県入間市向陽台XXXX ↵

TEL□04-2962-XXXX ↵

営業時間□11:00～22:00 ↵

http://www.xx.xx/lapala/

※ ↵ で Enter を押して改行します。
※ □は全角空白を表します。
※ 「TEL」は「でんわ」と入力して変換します。

② 「大変」を「たいへん」に再変換しましょう。

③ 「イタリアンレストラン　Lapala」を「らぱら」という《よみ》で単語登録しましょう。

④ 登録した単語を呼び出しましょう。

⑤ 登録した単語を辞書から削除しましょう。

※文書を保存せずに、閉じておきましょう。

解答 ▶ P.3

完成図のような文書を作成しましょう。

Wordを起動し、新しい文書を作成しておきましょう。

●完成図

1泊2日　　日光旅行

1日目
令和3年1月16日（土）　　天気：晴れ
大宮駅から東武鉄道に乗り、春日部駅で乗り換えて日光へ。日光を訪れるのは、高校の修学旅行以来じつに20年ぶり！
東武日光駅に降り立つと、ところどころに雪が積もっていたが、この日は晴れていたせいもあり、それほど寒くなかった。
日光に来たからには、まずは東照宮へ！　　三猿の前では、目と耳と口を押さえるお決まりのポーズで記念撮影。
ひとしきり名所観光をしたあとは、露天風呂付きの旅館に宿泊。翌日に備えて1日目は早く休むことにした。

2日目
令和3年1月17日（日）　　天気：曇り
朝7時起床。とりあえず朝風呂に向かう。寝起きの体に温泉がなんとも心地よい。
お昼前には急カーブで有名ないろは坂を通って中禅寺湖へ。名物「徳川ラーメン」を食べ、遊覧船や土産物屋を楽しんだ。
帰りはちょっと優雅に東武特急スペーシアに乗った。車内は静かで、シートもゆったり。快適な旅の締めくくりとなった。

① 次のように文字を入力しましょう。

1泊2日□□日光旅行 ↵

↵

1日目 ↵

令和3年1月16日（土）□天気：晴れ ↵

大宮駅から東武鉄道に乗り、春日部駅で乗り換えて日光へ。日光を訪れるのは、高校の修学旅行以来じつに20年ぶり！ ↵

東武日光駅に降り立つと、ところどころに雪が積もっていたが、この日は晴れていたせいもあり、それほど寒くなかった。 ↵

日光に来たからには、まずは東照宮へ！ □三猿の前では、目と耳と口を押さえるお決まりのポーズで記念撮影。 ↵

ひとしきり名所観光をしたあとは、露天風呂付きの旅館に宿泊。翌日に備えて1日目は早く休むことにした。 ↵

↵

↵

※↵で Enter を押して改行します。
※□は全角空白を表します。

② 文書に「Lesson3完成」と名前を付けて、フォルダー「Word2019編」に保存しましょう。

③ 文書「Lesson3完成」を閉じましょう。

④ 保存した文書「Lesson3完成」を開きましょう。

⑤ 次のように文字を入力しましょう。

2日目 ↵

令和3年1月17日（日）□天気：曇り ↵

朝7時起床。とりあえず朝風呂に向かう。寝起きの体に温泉がなんとも心地よい。 ↵

お昼前には急カーブで有名ないろは坂を通って中禅寺湖へ。名物「徳川ラーメン」を食べ、遊覧船や土産物屋を楽しんだ。 ↵

帰りはちょっと優雅に東武特急スペーシアに乗った。車内は静かで、シートもゆったり。快適な旅の締めくくりとなった。

---

⑥ 文書を上書き保存しましょう。

※文書「Lesson3完成」を閉じておきましょう。

完成図のような文書を作成しましょう。

 Wordを起動し、新しい文書を作成しておきましょう。

●完成図

令和 2 年 12 月 1 日

各位

みどり町町内会

忘年会のお知らせ

拝啓　年の瀬を迎え、寒さが厳しくなってきましたが、皆様いかがお過ごしでしょうか。

　さて、今年も早いもので、毎年恒例の忘年会シーズンになりました。町内会の皆様の日頃の労をねぎらうため、今年も下記のとおり忘年会を行います。さらなる親睦を深めましょう。皆様のご参加をお待ちしております。

敬具

記

1.　日時　：　令和 2 年 12 月 18 日（金）　　午後 6 時～

2.　場所　：　居酒屋　てっちゃん（℡　03-XXXX-XXXX）

3.　会費　：　5,000 円

4.　幹事　：　内山雅人（℡　080-XXXX-XXXX）

以上

※予約の都合上、12 月 11 日（金）までに、内山まで出欠のご連絡をお願いします。

① 次のようにページを設定しましょう。

用紙サイズ　：A4
印刷の向き　：縦

② 次のように文字を入力しましょう。

令和2年12月1日 ↵
各位 ↵
みどり町町内会 ↵
↵
忘年会のお知らせ ↵
↵
拝啓□年の瀬を迎え、寒さが厳しくなってきましたが、皆様いかがお過ごしでしょうか。 ↵
□さて、今年も早いもので、毎年恒例の忘年会シーズンになりました。町内会の皆様の日頃
の労をねぎらうため、今年も下記のとおり忘年会を行います。さらなる親睦を深めましょう。
皆様のご参加をお待ちしております。 ↵

敬具 ↵

↵
↵
記 ↵
日時□：□令和2年12月18日（金）□午後6時〜 ↵
場所□：□居酒屋□てっちゃん（TEL□03-XXXX-XXXX） ↵
会費□：□5,000円 ↵
幹事□：□内山雅人（TEL□080-XXXX-XXXX） ↵

以上 ↵

↵
※予約の都合上、12月11日（金）までに、内山まで出欠のご連絡をお願いします。

※ ↵で Enter を押して改行します。
※□は全角空白を表します。
※「※」は「こめ」と入力して変換します。
※「拝啓」と入力して改行すると、2行下に「敬具」が右揃えで挿入されます。
※「記」と入力して改行すると、自動的に中央揃えが設定され、2行下に「以上」が右揃えで挿
　入されます。

③ 発信日付「令和2年12月1日」と発信者名「みどり町町内会」を右揃えにしま
　しょう。

④ タイトル「忘年会のお知らせ」に次の書式を設定しましょう。

フォント　　　：MSゴシック
フォントサイズ：24ポイント
中央揃え

⑤「日時…」から「幹事…」までの行に7文字分の左インデントと「1.2.3.」の段
　落番号を設定しましょう。

⑥ 印刷イメージを確認し、1ページの行数を24行に設定しましょう。
　次に、文書を1部印刷しましょう。

※文書に「Lesson4完成」と名前を付けて、フォルダー「Word2019編」に保存し、閉じておき
　ましょう。

完成図のような文書を作成しましょう。

 Wordを起動し、新しい文書を作成しておきましょう。

●完成図

2021 年 3 月吉日

藤が丘町自治会会員各位

藤が丘町自治会

2021 年度総会の開催について

拝啓　早春の候、ますますご健勝のこととお慶び申し上げます。平素は自治会運営に格別のご尽力を賜り、厚く御礼申し上げます。

　さて、2021 年度の総会を下記のとおり開催いたします。ご多用とは存じますが、万障お繰り合わせのうえ、ご出席くださいますようお願い申し上げます。

　なお、ご都合がつかず欠席される場合は、委任状を 3 月 22 日（月）までに事務局までご提出ください。

敬具

記

- 日時　2021 年 4 月 3 日（土）　午後 6 時 30 分～
- 場所　藤が丘町公民館　A ホール
- 議題　①2021 年度年間事業計画案
　　　　②2021 年度予算案
　　　　③新旧役員の引き継ぎ

以上

担　当：事務局　草刈
連絡先：090-XXXX-XXXX

（以下を切り取ってご提出ください）

委任状

年　　　月　　　日

藤が丘町自治会事務局　行き

都合により、2021 年度総会を欠席いたします。
つきましては、総会における議事、議案にかかる一切の権限を（　　　　　）に委任いたします。

住所：

氏名：

①次のようにページを設定しましょう。

> 用紙サイズ ：A4
> 印刷の向き：縦
> 余白　　　：上下　20mm　　　左右　25mm

②次のように文字を入力しましょう。

2021年3月吉日 ↵
藤が丘町自治会会員各位 ↵
藤が丘町自治会 ↵
↵
2021年度総会の開催について ↵
↵
拝啓□早春の候、ますますご健勝のこととお慶び申し上げます。平素は自治会運営に格別のご尽力を賜り、厚く御礼申し上げます。↵
□さて、2021年度の総会を下記のとおり開催いたします。ご多用とは存じますが、万障お繰り合わせのうえ、ご出席くださいますようお願い申し上げます。↵
□なお、ご都合がつかず欠席される場合は、委任状を3月22日（月）までに事務局までご提出ください。↵

敬具 ↵

↵

記 ↵

↵
日時□2021年4月3日（土）□午後6時30分〜 ↵
場所□藤が丘町公民館□Aホール ↵
議題□①2021年度年間事業計画案 ↵
②2021年度予算案 ↵
③新旧役員の引き継ぎ ↵
↵

以上 ↵

↵
担□当：事務局□草刈 ↵
連絡先：090-XXXX-XXXX ↵
↵
（以下を切り取ってご提出ください）↵
↵
委任状 ↵
年□□月□□日 ↵
藤が丘町自治会事務局□行き ↵
↵
都合により、2021年度総会を欠席いたします。↵

つきましては、総会における議事、議案にかかる一切の権限を（□□□□□）に委任いたします。↵
↵
住所：↵
氏名：

※ ↵ で Enter を押して改行します。
※□は全角空白を表します。
※「①」は「1」、「②」は「2」、「③」は「3」とそれぞれ入力して変換します。
※「拝啓」と入力して改行すると、2行下に「敬具」が右揃えで挿入されます。
※「記」と入力して改行すると、自動的に中央揃えが設定され、2行下に「以上」が右揃えで挿入されます。

③ 発信日付「2021年3月吉日」と発信者名「藤が丘町自治会」を右揃えにしましょう。

④ タイトル「2021年度総会の開催について」に次の書式を設定しましょう。

フォントサイズ：14ポイント	下線
太字	中央揃え

⑤ 「日時…」から「議題…」までの行に8文字分の左インデントと「●」の箇条書きを設定しましょう。

⑥ 完成図を参考に、「②2021年度予算案」と「③新旧役員の引き継ぎ」の行の左インデントを調整しましょう。

⑦ 完成図を参考に、「担　当：事務局　草刈」と「連絡先：090-XXXX-XXXX」の行の左インデントを調整しましょう。

⑧ 「（以下を切り取ってご提出ください）」を中央揃えにしましょう。
　　また、「年　　月　　日」を右揃えにしましょう。

⑨ 「（以下を切り取ってご提出ください）」の下の行に水平線を挿入しましょう。

⑩ 「委任状」に次の書式を設定しましょう。

フォントサイズ：14ポイント
中央揃え

⑪ 完成図を参考に、「住所：」と「氏名：」の行の左インデントを調整しましょう。

※文書に「Lesson5完成」と名前を付けて、フォルダー「Word2019編」に保存し、閉じておきましょう。

完成図のような文書を作成しましょう。

Wordを起動し、新しい文書を作成しておきましょう。

●完成図

令和 2 年 11 月 2 日

お取引先　各位

オオヤマフーズ株式会社

代表取締役　吉田　恵子

新商品発表会のご案内

拝啓　晩秋の候、貴社ますますご盛栄のこととお慶び申し上げます。平素は格別のお引き立てをいただき、厚く御礼申し上げます。

　さて、弊社では「無添加」「無農薬」の素材にこだわり、カロリーダウンを徹底追及した冷凍食品シリーズ「ヘルシーおかず」をこのほど発売することとなりました。

　つきましては、新商品の発表会を下記のとおり開催いたしますので、ぜひご出席賜りますようお願い申し上げます。

　ご多忙とは存じますが、皆様のご来場をお待ち申し上げております。

敬具

記

1.　開　催　日：令和 2 年 11 月 20 日（金）

2.　時　　　間：午前 11 時 30 分〜午後 3 時

3.　会　　　場：ゴールデン雅ホテル　2 階　鶴の間

4.　お問合せ先：03-XXXX-XXXX（オオヤマフーズ株式会社広報部　直通）

以上

Word 2019 編

Excel 2019 編

① 次のようにページを設定しましょう。

用紙サイズ	：A4
印刷の向き	：縦
1ページの行数：26行	

② 次のように文字を入力しましょう。

Hint! あいさつ文の入力は、《挿入》タブ→《テキスト》グループの ▣ (あいさつ文の挿入)を使うと効率的です。

令和2年11月2日 ↵
お取引先□各位 ↵
オオヤマフーズ株式会社 ↵
代表取締役□吉田□恵子 ↵
↵
新商品発表会のご案内 ↵
↵
拝啓□晩秋の候、貴社ますますご盛栄のこととお慶び申し上げます。平素は格別のお引き立てをいただき、厚く御礼申し上げます。 ↵
□さて、弊社では「無添加」「無農薬」の素材にこだわり、カロリーダウンを徹底追求した冷凍食品シリーズ「ヘルシーおかず」をこのほど発売することとなりました。 ↵
□つきましては、新商品の発表会を下記のとおり開催いたしますので、ぜひご出席賜りますようお願い申し上げます。 ↵
□ご多忙とは存じますが、ご来場をお待ち申し上げております。 ↵
　　　　　　　　　　　　　　　　　　　　　　　　　　　　　　　敬具 ↵
　　　↵
　　　　　　　　　　　　　　記 ↵
　　　↵
開催日：令和2年11月20日（金） ↵
時間：午前11時30分～午後3時 ↵
会場：ゴールデン雅ホテル□2階□鶴の間 ↵
お問合せ先：03-XXXX-XXXX（広報部□直通） ↵
　　　↵
　　　　　　　　　　　　　　　　　　　　　　　　　　　　　　　以上 ↵

※↵で Enter を押して改行します。
※□は全角空白を表します。
※「拝啓」と入力して改行すると、2行下に「敬具」が右揃えで挿入されます。
※「記」と入力して改行すると、自動的に中央揃えが設定され、2行下に「以上」が右揃えで挿入されます。

③ 発信日付「令和2年11月2日」と発信者名「オオヤマフーズ株式会社」「代表取締役　吉田　恵子」を右揃えにしましょう。

④ タイトル「新商品発表会のご案内」に次の書式を設定しましょう。

```
フォント　　　：游ゴシック
フォントサイズ：16ポイント
太字
二重下線
中央揃え
```

⑤ 「ご多忙とは存じますが、」の後ろに「皆様の」を挿入しましょう。

⑥ 発信者名の「オオヤマフーズ株式会社」を記書きの「広報部　直通」の前にコピーしましょう。

⑦ 「開催日…」から「お問合せ先…」までの行に4文字分の左インデントを設定しましょう。

⑧ 「開催日」「時間」「会場」を5文字分の幅に均等に割り付けましょう。

⑨ 「開催日…」から「お問合せ先…」までの行に「1.2.3.」の段落番号を設定しましょう。

⑩ 印刷イメージを確認し、1部印刷しましょう。

※文書に「Lesson6完成」と名前を付けて、フォルダー「Word2019編」に保存し、閉じておきましょう。

完成図のような文書を作成しましょう。

 **File OPEN** Wordを起動し、新しい文書を作成しておきましょう。

●完成図

令和2年9月吉日

カワサキ機器販売株式会社

代表取締役　川崎　啓吾　様

FOMシステムサポート株式会社

代表取締役　井本　和也

東大阪支店移転のお知らせ

拝啓　初秋の候、貴社ますますご繁栄のこととお慶び申し上げます。平素は格別のお引き立てを賜り、ありがたく厚く御礼申し上げます。

さて、このたび弊社東大阪支店は、業務拡張に伴い、下記のとおり移転することになりましたので、お知らせいたします。

なお、10月2日（金）までは旧住所で平常どおり営業しております。

移転を機に、社員一同、より一層業務に専心する所存でございますので、今後とも、引き続きご愛顧を賜りますようお願い申し上げます。

敬具

記

1. 移転日　　　令和2年10月5日（月）
2. 新住所　　　大阪府東大阪市吉松X-X
3. 新電話番号　06-XXXX-XXXX（代表）
4. 新ＦＡＸ番号　06-XXXX-XXXX

以上

①次のようにページを設定しましょう。

用紙サイズ	：A4
印刷の向き	：縦
1ページの行数	：28行

② 次のように文字を入力しましょう。

令和2年9月吉日 ↵
カワサキ機器販売株式会社 ↵
□代表取締役□川崎□啓吾□様 ↵
FOMシステムサポート株式会社 ↵
代表取締役□井本□和也 ↵
↵
東大阪支店移転のお知らせ ↵
↵
拝啓□初秋の候、貴社ますますご繁栄のこととお慶び申し上げます。平素は格別のお引き立てを賜り、ありがたく厚く御礼申し上げます。↵
□さて、このたび弊社東大阪支店は、業務拡張に伴い、下記のとおり移転することになりましたので、お知らせいたします。↵
□なお、10月2日（金）までは旧住所で平常どおり営業しております。↵
□移転を機に、社員一同、より一層業務に専心する所存でございますので、今後とも、引き続きご愛顧を賜りますようお願い申し上げます。↵
↵
　　　　　　　　　　　　　　　　　　　　　　　　　　　　　敬具 ↵
↵
　　　　　　　　　　　　　　　　記 ↵
↵
移転日□□□□令和2年10月5日（月）↵
新住所□□□□大阪府東大阪市吉松X-X ↵
新電話番号□□06-XXXX-XXXX（代表）↵
新ＦＡＸ番号□06-XXXX-XXXX ↵
↵
　　　　　　　　　　　　　　　　　　　　　　　　　　　　　以上 ↵

※↵で Enter を押して改行します。
※□は全角空白を表します。
※「拝啓」と入力して改行すると、2行下に「敬具」が右揃えで挿入されます。
※「記」と入力して改行すると、自動的に中央揃えが設定され、2行下に「以上」が右揃えで挿入されます。
※「ＦＡＸ」は全角で入力します。

③ 発信日付「令和2年9月吉日」と発信者名「FOMシステムサポート株式会社」「代表取締役　井本　和也」を右揃えにしましょう。

④ タイトル「東大阪支店移転のお知らせ」に次の書式を設定しましょう。

フォント　　　：MSゴシック
フォントサイズ：16ポイント
太線の下線
中央揃え

⑤ 「移転日…」から「新ＦＡＸ番号…」までの行に10文字分の左インデントと「1.2.3.」の段落番号を設定しましょう。

※文書に「Lesson7完成」と名前を付けて、フォルダー「Word2019編」に保存し、閉じておきましょう。

完成図のような文書を作成しましょう。

 フォルダー「Word2019編」の文書「Lesson8」を開いておきましょう。

●完成図

令和2年11月1日

塾生・保護者　各位

上進予備校

冬期講習のご案内

志望校合格に向けて、追い込みの時期となりました。

冬期講習では、本番の試験を意識しながら、点数に結び付く実戦力を養成することを目的に学習します。冬休みの限られた時間を有効に活用できるチャンスです。皆様の積極的なご参加をお待ちしております。

記

● 日　　程：12月25日（金）～12月29日（火）、1月4日（月）～1月8日（金）
● 費　　用：各コース 35,000円（税込）
● 申込方法：受付窓口にて申込手続き
● 申込期限：12月1日（火）17時まで
● 講　　座：

講座名	時間	講師名	教室
医学部コース	16:00～18:00	藤井　純一	N201
国立理系コース	10:00～12:00	岡本　洋子	N301
国立文系コース	10:00～12:00	沢田　啓太	S302
私立理系コース	13:00～15:00	大塚　俊也	N501
私立文系コース	13:00～15:00	島田　直子	S502

以上

①「●講　　座：」の下の行に5行4列の表を作成しましょう。

②次のように表に文字を入力しましょう。

講座名	時間	講師名	教室
医学部コース	16：00〜18：00	藤井□純一	N201
国立文系コース	10：00〜12：00	沢田□啓太	S302
私立理系コース	13：00〜15：00	大塚□俊也	N501
私立文系コース	13：00〜15：00	島田□直子	S502

※□は全角空白を表します。

③「医学部コース」と「国立文系コース」の間に1行挿入しましょう。

④挿入した行に次のように入力しましょう。

国立理系コース	10：00〜12：00	岡本□洋子	N301

⑤表にスタイル「グリッド（表）4-アクセント5」を適用しましょう。

⑥表の1行目に「青、アクセント5、黒+基本色25％」の塗りつぶしを設定しましょう。

⑦表の4列目の列の幅をセル内の文字の長さに合わせて、自動調整しましょう。

⑧表内のすべての文字をセル内で中央揃えにしましょう。

⑨完成図を参考に、表のサイズを縦方向に拡大しましょう。

⑩表全体を行の中央に配置しましょう。

※文書に「Lesson8完成」と名前を付けて、フォルダー「Word2019編」に保存し、閉じておきましょう。

完成図のような文書を作成しましょう。

 フォルダー「Word2019編」の文書「Lesson9」を開いておきましょう。

●完成図

令和 2 年 10 月 5 日

社員各位

人材開発部

操作研修会のお知らせ

このたび、Windows 10／Office 2019 の社内導入に伴い、下記のとおり、操作研修会を実施
いたします。各自、業務のスケジュールを調整のうえ、出席してください。

記

1. **研修日程**　10 月 26 日（月）～10 月 30 日（
2. **研修時間**　午後 1 時～午後 5 時（4 時間）
3. **会　　場**　本社ビル　5 階　第 1 会議室
4. **研修内容**　Windows 10 の基本操作
　　　　　　　　Word 2019 新機能
　　　　　　　　Excel 2019 新機能
　　　　　　　　PowerPoint 2019 新機能
　　　　　　　　社内システム利用における変更点
5. **申込方法**　*部署*ごとに申込書を記入し、人材
　　　　　　　　メールアドレス：jinzai@xx.xx
6. **その他**　　定員を超過した場合、日程の変更

（操作研修会申込書）

部署名：
担　当：

社員 ID	氏名	メールアドレス	参加希望日

①「研修日程」「研修時間」「会　　場」「研修内容」「申込方法」「その他」の文字に次の書式を設定しましょう。

> 太字
> 下線

Hint! 文字をまとめて選択して、書式を設定すると効率的です。複数の範囲をまとめて選択するには、2つ目以降の範囲を **Ctrl** を押しながら選択します。

②「部署ごと」に次の書式を設定しましょう。

> 斜体
> 傍点(·)

Hint! 傍点を設定するには、《フォント》ダイアログボックスの《フォント》タブを使います。

③「研修日程…」「研修時間…」「会　　場…」「研修内容…」「申込方法…」「その他…」の行に「1.2.3.」の段落番号を設定しましょう。

④完成図を参考に、「Word 2019新機能」「Excel 2019新機能」「PowerPoint 2019新機能」「社内システム利用における変更点」「メールアドレス：…」の行の左インデントを調整しましょう。

⑤「（操作研修会申込書）」の行が2ページ目の先頭になるように、改ページを挿入しましょう。

Hint! 2ページ目に移動する文字の前にカーソルを移動し、**Ctrl** + **Enter** を押すと、改ページされます。

⑥2ページ目の「担　当：」の下の行に26行4列の表を作成しましょう。

Hint! 9行以上または11列以上の表を作成するには、《挿入》タブ→《表》グループの（表の追加）→《表の挿入》を使います。

⑦表の1行目に次のように入力しましょう。

社員ID	氏名	メールアドレス	参加希望日

⑧完成図を参考に、表の列の幅を変更しましょう。

⑨表の1行目の文字をセル内で中央揃えにしましょう。

⑩表の1行目に「緑、アクセント6、白+基本色40%」の塗りつぶしを設定しましょう。

※文書に「Lesson9完成」と名前を付けて、フォルダー「Word2019編」に保存し、閉じておきましょう。

完成図のような文書を作成しましょう。

 フォルダー「Word2019編」の文書「Lesson10」を開いておきましょう。

●完成図

ひまわりスポーツクラブ入会申込書

下記のとおり、ひまわりスポーツクラブへの入会を申し込みます。

　　　　　　　　　　　　　　　　　　　　　　　　　　　　　　年　　月　　日

●入会コース

会員種別	レギュラー ・ プール ・ スタジオ ・ ゴルフ ・ テニス
コース種別	フルタイム ・ 午前 ・ 午後 ・ ナイト ・ ホリデイ

※丸印を付けてください。

●会員情報

お名前	印
フリガナ	
生年月日	年　　　　月　　　　日
ご住所	〒
電話番号	
緊急連絡先	
ご職業	
備考	

【弊社記入欄】

受付日	
受付担当	

① タイトル「ひまわりスポーツクラブ入会申込書」に次の書式を設定しましょう。

フォント　　　：MSゴシック
フォントサイズ：18ポイント
フォントの色　：オレンジ、アクセント2、黒＋基本色25％
二重下線
中央揃え

②「●入会コース」の下の行に、2行2列の表を作成し、次のように文字を入力しましょう。

会員種別	レギュラー□・□プール□・□スタジオ□・□ゴルフ□・□テニス
コース種別	フルタイム□・□午前□・□午後□・□ナイト□・□ホリデイ

※□は全角空白を表します。

③ 完成図を参考に、「●入会コース」の表の列の幅を変更しましょう。

④「●入会コース」の表の1列目に「オレンジ、アクセント2、白＋基本色40％」の塗りつぶしを設定しましょう。

⑤「●会員情報」の表の「電話番号」の行と「ご職業」の行の間に、1行挿入しましょう。
また、挿入した行の1列目に「緊急連絡先」と入力しましょう。

⑥ 完成図を参考に、「●会員情報」の表のサイズを変更しましょう。
また、「ご住所」と「備考」の行の高さを高くしましょう。

⑦ 完成図を参考に、「●会員情報」の表内の文字の配置を調整しましょう。

⑧「【弊社記入欄】」の表の3〜5列目を削除しましょう。　　　・

⑨「【弊社記入欄】」の表全体を行の右端に配置しましょう。

⑩ 完成図を参考に、「【弊社記入欄】」の文字と表の開始位置がそろうように、「【弊社記入欄】」の行の左インデントを調整しましょう。

※文書に「Lesson10完成」と名前を付けて、フォルダー「Word2019編」に保存し、閉じておきましょう。

解答 ▶ P.10

完成図のような文書を作成しましょう。

フォルダー「Word2019編」の文書「Lesson11」を開いておきましょう。

●完成図

おしながき

■先　付■　自家製胡麻豆腐
胡麻とくず粉とわらび粉で練り上げた自家製の胡麻豆腐です。

■前　菜■　三点盛り
きのこのサラダ、オクラの冷し鉢、焼き椎茸の豪華三点盛りです。

■造　り■　襟裳の活魚盛り
襟裳岬でとれた新鮮な甘海老、真鯛、帆立のお造りです。

■吸い物■　鯛の吸い物
真鯛の切り身を使った、うまみたっぷりの鯛のお吸い物です。

■焼　物■　鮭の塩焼き
あっさり塩味で鮭を焼き上げました。

■揚　物■　旬の天婦羅
旬の採れたて野菜をあつあつの天婦羅にしました。

■御　飯■　松茸ごはん
秋の香りを感じる松茸をふんだんに使ったごはんです。

■水菓子■　季節の果物
産地直送の巨峰を口どけのよいシャーベットにしました。

① 次のようにページを設定しましょう。

文字方向	：縦書き
用紙サイズ	：B5
印刷の向き	：横
余白	：上下　20mm　　　左右　17mm

② 文書の基本のフォントサイズを12ポイントに設定しましょう。

Hint! 初期の設定では、入力する文字は10.5ポイントで表示されます。この基本のフォントサイズを変更するには、《レイアウト》タブ→《ページ設定》グループの 🔲 (ページ設定)→《文字数と行数》タブ→《フォントの設定》を使います。

③ 「おしながき」に次の書式を設定しましょう。

フォント	：MS明朝
フォントサイズ	：26ポイント
上下中央揃え	

④ 完成図を参考に、料理名の行のフォントサイズを16ポイントに設定しましょう。

⑤ 完成図を参考に、「胡麻」に「ごま」、「襟裳」に「えりも」とふりがなを付けましょう。ふりがなのフォントサイズは7ポイントに設定します。

⑥ 完成図を参考に、次のページ罫線を設定しましょう。

絵柄	： �
線の太さ	：15pt

※ � は白黒の絵柄です。

※文書に「Lesson11完成」と名前を付けて、フォルダー「Word2019編」に保存し、閉じておきましょう。

完成図のような文書を作成しましょう。

 Wordを起動し、新しい文書を作成しておきましょう。

●完成図

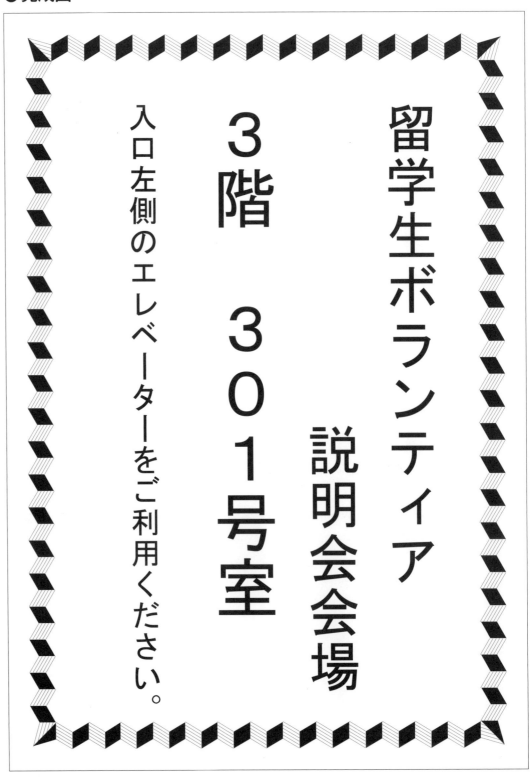

留学生ボランティア　説明会会場

３階　３０１号室

入口左側のエレベーターをご利用ください。

① 次のようにページを設定しましょう。

> 文字方向　：縦書き
> 用紙サイズ：A4
> 印刷の向き：縦

② 文書の基本のフォントを「MSゴシック」に設定しましょう。

Hint! 初期の設定では、入力する文字は「游明朝」で表示されます。この基本のフォントを変更するには、《ページレイアウト》タブ→《ページ設定》グループの ⬛ （ページ設定）→《文字数と行数》タブ→《フォントの設定》を使います。

③ 次のように文字を入力しましょう。

> 留学生ボランティア ↵
> 説明会会場 ↵
> 3階□301号室 ↵
> ↵
> ↵
> 入口左側のエレベーターをご利用ください。

※ ↵で Enter を押して改行します。
※ □は全角空白を表します。
※数字は全角で入力します。

④ 「留学生ボランティア」と「説明会会場」のフォントサイズを60ポイント、「3階301号室」のフォントサイズを72ポイント、「入口左側のエレベーターをご利用ください。」のフォントサイズを34ポイントに設定しましょう。

⑤ 「説明会会場」を行の下端に配置しましょう。

⑥ 完成図を参考に、次のページ罫線を設定しましょう。

> 絵柄　　：▰▰▰▰
> 線の太さ：30pt

※ ▰▰▰▰ は白黒の絵柄です。

※文書に「Lesson12完成」と名前を付けて、フォルダー「Word2019編」に保存し、閉じておきましょう。

解答 ▶ P.12

完成図のような文書を作成しましょう。

 Wordを起動し、新しい文書を作成しておきましょう。

●完成図

① 次のようにページを設定しましょう。

> 用紙サイズ ：B5
> 印刷の向き ：縦

② 1行12列の表を作成しましょう。

Hint! 9行以上または11列以上の表を作成するには、《挿入》タブ→《表》グループの ▦ 表（表の追加）→《表の挿入》を使います。

③ 完成図を参考に、表のサイズを用紙の一番下まで拡大しましょう。

④ 次のように表の罫線を設定しましょう。

> 罫線の太さ ：0.25pt
> 罫線の色 ：青

⑤ 表の上罫線と下罫線を削除しましょう。

Hint! 罫線を削除するには、《表ツール》の《デザイン》タブ→《飾り枠》グループの ▦ 罫線（罫線）の 罫線 を使います。

⑥ 完成図を参考に、フォルダー「Word2019編」の画像「花束」を挿入しましょう。

⑦ 画像の文字列の折り返しを「前面」に設定しましょう。

⑧ 完成図を参考に、画像の位置とサイズを調整しましょう。

※文書に「Lesson13完成」と名前を付けて、フォルダー「Word2019編」に保存し、閉じておきましょう。

解答 ▶ P.13

完成図のような文書を作成しましょう。

フォルダー「Word2019編」の文書「Lesson14」を開いておきましょう。

●完成図

【回覧】

令和 2 年 12 月 1 日

各位

みどり町町内会

〜　町内清掃のお知らせ　〜

毎年ご協力いただいている「町内一斉清掃」を今年度も行うことになりました。
町内を清掃して新しい年を気持ちよく迎えましょう。
お忙しいとは存じますが、多くの方のご参加をお待ちしております。
参加できない方は班長までご連絡ください。

日時	令和 2 年 12 月 20 日（日）午前 8 時〜午前 10 時
集合場所	みどり町公園
持ち物	ほうき、ちりとり、軍手
清掃場所	みどり町公園 町内の歩道 街路樹の周辺 みどり川河川敷

みどり町 1 班

安本	水沢	佐々野	井上	大野	三谷	荒川	吉沢

回覧確認後、速やかに次の方へ回してください。

① 「参加できない方は…」の3行下の行に、4行2列の表を作成し、次のように文字を入力しましょう。

日時	令和2年12月20日（日）午前8時〜午前10時
集合場所	みどり町公園
持ち物	ほうき、ちりとり、軍手
清掃場所	みどり町公園↵ 町内の歩道↵ 街路樹の周辺↵ みどり川河川敷

※ ↵ で Enter を押して改行します。

② 表の列の幅をセル内の文字の長さに合わせて、自動調整しましょう。

③ 表全体を行の中央に配置しましょう。

④ 表の1列目に次の書式を設定しましょう。

セルの塗りつぶし：白、背景1、黒＋基本色15%
セル内の配置　　：中央揃え

⑤ 「みどり町1班」の下の行に、2行8列の表を作成し、次のように文字を入力しましょう。

安本	水沢	佐々野	井上	大野	三谷	荒川	吉沢

⑥ 完成図を参考に、表の2行目の行の高さを変更しましょう。

⑦ 表の1行目の文字をセル内の中央に配置しましょう。

※文書に「Lesson14完成」と名前を付けて、フォルダー「Word2019編」に保存し、閉じておきましょう。

完成図のような文書を作成しましょう。

 フォルダー「Word2019編」の文書「Lesson15」を開いておきましょう。

●完成図

海外旅行
持ち物チェックリスト

持ち物	チェック	持ち物	チェック
■貴重品		水着	□
パスポート	□	サングラス・めがね	□
航空券	□	携帯用スリッパ	□
現金（日本円）	□	■洗面	
現金（現地通貨）	□	せっけん	□
トラベラーズチェック	□	歯ブラシ・歯磨き粉	□
クレジットカード	□	ひげそり	□
証明用写真	□	化粧品	□
■電気製品		シャンプー・リンス	□
カメラ／デジタルカメラ	□	ドライヤー	□
フィルム／メモリーカード	□	タオル	□
電卓	□	ハンカチ／ハンドタオル	□
時計	□	ポケットティッシュ	□
変圧器／変換プラグ	□	爪切り	□
■バッグ		耳かき	□
スーツケース	□	洗剤	□
スーツケースベルト	□	■その他	
ネームタグ	□	筆記用具	□
手荷物用バッグ	□	辞書	□
街歩き用バッグ	□	ガイドブック	□
お土産用バッグ	□	薬類	□
■衣類		オペラグラス	□
下着	□	ビニール袋	□
靴下	□	雨具（折りたたみ傘／カッパなど）	□
着替え	□		□
マフラー・手袋	□		□
帽子	□		□
靴	□		□
パジャマ	□		□

① 表の右側に2列挿入し、次のように文字を入力しましょう。

持ち物	チェック
水着	□
サングラス・めがね	□
携帯用スリッパ	□
■洗面	
せっけん	□
歯ブラシ・歯磨き粉	□
ひげそり	□
化粧品	□
シャンプー・リンス	□
ドライヤー	□
タオル	□
ハンカチ／ハンドタオル	□
ポケットティッシュ	□
爪切り	□
耳かき	□
洗剤	□
■その他	
筆記用具	□
辞書	□
ガイドブック	□
薬類	□
オペラグラス	□
ビニール袋	□
雨具 (折りたたみ傘／カッパなど)	□
	□
	□
	□
	□
	□

※「■」および「□」は、それぞれ「しかく」と入力して変換します。

②表の外側の罫線を「2.25pt」の線、2列目の右側の罫線を二重線に設定しましょう。

③次のように表の列の幅と行の高さを設定しましょう。

列の幅　：1列目と3列目　67mm
　　　　　2列目と4列目　22mm
行の高さ：2～30行目　7.5mm

④表の1行目と2列目、4列目の文字をセル内で中央揃えにしましょう。

⑤表の1行目に「青、アクセント1、白+基本色40％」の塗りつぶしを設定しましょう。
また、「■貴重品」「■電気製品」「■バッグ」「■衣類」「■洗面」「■その他」のセルと右側の空白のセルに「オレンジ」の塗りつぶしを設定しましょう。

⑥表の1行目と「■貴重品」「■電気製品」「■バッグ」「■衣類」「■洗面」「■その他」に次の書式を設定しましょう。

フォント：游ゴシック
太字

⑦完成図を参考に、チェックリストのアイコンを挿入しましょう。

Hint! チェックリストのアイコンは「ビジネス」に分類されています。

⑧アイコンの文字列の折り返しを「**前面**」に設定しましょう。

⑨完成図を参考に、アイコンの位置とサイズを調整しましょう。

⑩アイコンに「オレンジ」の塗りつぶしを設定しましょう。

※文書に「Lesson15完成」と名前を付けて、フォルダー「Word2019編」に保存し、閉じておきましょう。

完成図のような文書を作成しましょう。

 Wordを起動し、新しい文書を作成しておきましょう。

●完成図

① 次のようにページを設定しましょう。

用紙サイズ	：はがき
印刷の向き	：縦

② 完成図を参考に、フォルダー「Word2019編」の画像「富士」を挿入しましょう。

③ 「富士」の画像の文字列の折り返しを「背面」に設定しましょう。

④ 完成図を参考に、画像の位置とサイズを調整しましょう。

⑤ テキストボックスを作成し、「謹賀新年」と入力しましょう。

Hint! 《挿入》タブ→《テキスト》グループの ![テキストボックス] (テキストボックスの選択) を使います。
テキストボックスを使うと、ページ内の自由な位置に文字を配置できます。

⑥ 「謹賀新年」のテキストボックスに次の書式を設定しましょう。

図形の塗りつぶし	：塗りつぶしなし
図形の枠線	：枠線なし
フォント	：游ゴシック
フォントサイズ	：48ポイント
フォントの色	：赤

Hint! テキストボックス全体を選択するには、テキストボックスの枠線上をクリックします。

⑦ 完成図を参考に、「謹賀新年」のテキストボックスの位置とサイズを調整しましょう。

⑧ テキストボックスを3つ作成し、次のように文字を入力しましょう。

新しい年が素晴らしい一年になりますよう ↵ 皆様のご多幸を心よりお祈り申し上げます。↵ 本年もどうぞよろしくお願いいたします。

令和3年□元旦

〒605-0066 ↵ 京都府京都市東山区石橋町XX-X ↵ 富士□太郎・道子

※ ↵で Enter を押して改行します。
※ □は全角空白を表します。

⑨⑧で作成した3つのテキストボックスに次の書式を設定しましょう。

図形の塗りつぶし	：塗りつぶしなし
図形の枠線	：枠線なし
フォント	：MS明朝
フォントサイズ	：12ポイント

Hint! テキストボックスをまとめて選択して、書式を設定すると効率的です。
複数のテキストボックスを選択するには、2つ目以降のテキストボックスを [Shift]
を押しながら選択します。

⑩完成図を参考に、⑧で作成した3つのテキストボックスの位置とサイズを調整しましょう。

⑪テキストボックス内の「富士　太郎・道子」を右揃えにしましょう。

⑫完成図を参考に、フォルダー「Word2019編」の画像「コマ」を挿入しましょう。

⑬「コマ」の画像の文字列の折り返しを「前面」に設定しましょう。

⑭完成図を参考に、「コマ」の画像の位置とサイズを調整しましょう。

※文書に「Lesson16完成」と名前を付けて、フォルダー「Word2019編」に保存し、閉じておきましょう。

完成図のような文書を作成しましょう。

 Wordを起動し、新しい文書を作成しておきましょう。

●完成図

① 次のようにページを設定しましょう。

用紙サイズ：はがき 印刷の向き：横

② ページの背景色を「緑、アクセント6、白+基本色60%」に設定しましょう。

③ 完成図を参考に、フォルダー「Word2019編」の画像「トナカイ」と画像「サンタ」を挿入しましょう。

④ 2つの画像の文字列の折り返しを「前面」に設定しましょう。

⑤ 完成図を参考に、2つの画像の位置とサイズを調整しましょう。

⑥ テキストボックスを作成し、「M」と入力しましょう。
※半角で入力します。

⑦ 「M」のテキストボックスに次の書式を設定しましょう。

図形の塗りつぶし	：塗りつぶしなし
図形の枠線	：枠線なし
フォント	：Impact
フォントサイズ	：28ポイント

⑧ 完成図を参考に、「M」のテキストボックスの位置とサイズを調整しましょう。

⑨ 「M」のテキストボックスを13個コピーしましょう。

Hint! テキストボックスをコピーするには、[Ctrl]を押しながらテキストボックスの枠線をドラッグします。

⑩ コピーした13個のテキストボックスの文字を「E」「R」「R」「Y」「C」「H」「R」「I」「S」「T」「M」「A」「S」にそれぞれ修正し、完成図を参考に配置しましょう。

⑪ テキストボックスに次の書式を設定しましょう。

● 1 文字目の 「M」 と 10 文字目の 「S」

フォントサイズ：36ポイント

● 2 文字目の 「E」 と 10 文字目の 「S」

フォントの色：濃い赤

⑫ テキストボックスを作成し、次のように文字を入力しましょう。

お互い引っ越してからは、なかなか会えなくなってしまったけれど、二人の友情は永遠に不滅だよ！

⑬ 「お互い引っ越してからは、…」のテキストボックスに次の書式を設定しましょう。

図形の塗りつぶし	：塗りつぶしなし
図形の枠線	：枠線なし
フォント	：MSPゴシック

⑭ 完成図を参考に、「お互い引っ越してからは、…」のテキストボックスの位置とサイズを調整しましょう。

⑮ 背景色が印刷されるように印刷オプションを設定しましょう。

※文書に「Lesson17完成」と名前を付けて、フォルダー「Word2019編」に保存し、閉じておきましょう。

完成図のような文書を作成しましょう。

フォルダー「Word2019編」の文書「Lesson18」を開いておきましょう。

●完成図

新年を楽しく迎えよう！　12月スケジュール

1週目
- お歳暮を贈る
- クリスマスツリーの飾り付け

2週目
- 大掃除（ベランダ、廊下、玄関、つよしの部屋）
- 年賀状を書く

3週目
- 大掃除（客間、リビング、パパとママの部屋）
- 12/21までに年賀状を出す

4週目
- 大掃除（台所、お風呂場、トイレ、窓みがき）
- 12/24　クリスマスパーティ

5週目
- お節料理を作る

①「新年を楽しく…」の行に次の書式を設定しましょう。

> 網かけ　　　　：緑、アクセント6、黒＋基本色25％
> フォント　　　：MSPゴシック
> フォントサイズ：20ポイント
> フォントの色　：白、背景1
> 中央揃え

Hint! 網かけを設定するには、《デザイン》タブ→《ページの背景》グループの （罫線と網掛け）を使います。

②3行目に「縦方向プロセス」のSmartArtグラフィックを作成し、次のように文字を入力しましょう。

> ・1週目
> 　・お歳暮を贈る
> 　・クリスマスツリーの飾り付け
> ・2週目
> 　・大掃除（ベランダ、廊下、玄関、つよしの部屋）
> 　・年賀状を書く
> ・3週目
> 　・大掃除（客間、リビング、パパとママの部屋）
> 　・12/21までに年賀状を出す
> ・4週目
> 　・大掃除（台所、お風呂場、トイレ、窓みがき）
> 　・12/24□クリスマスパーティ
> ・5週目
> 　・お節料理を作る

※□は全角空白を表します。

Hint! 《挿入》タブ→《図》グループの SmartArt （SmartArtグラフィックの挿入）を使います。SmartArtグラフィックを使うと、箇条書きの文字を簡単に図解として表現できます。

③完成図を参考に、SmartArtグラフィックのサイズを変更しましょう。

④SmartArtグラフィックのフォントサイズを14ポイントに設定しましょう。

Hint! SmartArtグラフィック全体を選択するには、SmartArtグラフィックの枠線上をクリックします。

⑤SmartArtグラフィックに次の書式を設定しましょう。

> 色　　　　：カラフル-アクセント2から3
> スタイル　：グラデーション

⑥次のページ罫線を設定しましょう。

> 絵柄　　　：🎄🎄🎄🎄🎄
> 線の太さ：31pt

※🎄🎄🎄🎄🎄は赤と緑の絵柄です。

※文書に「Lesson18完成」と名前を付けて、フォルダー「Word2019編」に保存し、閉じておきましょう。

完成図のような文書を作成しましょう。

 フォルダー「Word2019編」の文書「Lesson19」を開いておきましょう。

●完成図

Stone Spa FOM

岩盤浴とアロマトリートメントのある新リラックス空間

Detox & Spa

ストーン・スパ「エフオーエム」がついに OPEN！

◆×◇◆◇◆◇◆◇◆◇◆ M E N U ◇◆◇◆◇◆◇◆◇◆◇◆

■岩盤浴

ハワイ島・キラウェア火山の溶岩石をぜいたくに使用した岩盤浴です。遠赤外線とマイナスイオン効果により芯から身体を温めて代謝を活発にします。

1 時間　¥4,000-（税込）

■アロマトリートメント

カウンセリングをもとに、ひとりひとりの体質に合わせて調合したオリジナルのアロマオイルで、全身を丁寧にトリートメントします。

1 時間　¥8,000-（税込）

■岩盤浴セットコース

岩盤浴で多量の汗と一緒に体内の老廃物や毒素を排出したあと、肩と背中を重点的にトリートメントします。

1 時間 30 分　¥10,000-（税込）

Stone Spa FOM

営　業　時　間：午前 11 時～午後 11 時（最終受付午後 9 時）
住　　　　　所：東京都新宿区神楽坂 3-X-X
電　話　番　号：0120-XXX-XXX
メールアドレス：customer@XX.XX

① テーマ「ギャラリー」を適用しましょう。

② 「岩盤浴とアロマトリートメントのある新リラックス空間」と「Detox & Spa」の行に文字の効果「塗りつぶし:ベージュ、背景色2;影(内側)」を設定しましょう。

③ 完成図を参考に、フォルダー「Word2019編」の画像「石」を挿入しましょう。

④ 「石」の画像の文字列の折り返しを「背面」に設定しましょう。

⑤ 完成図を参考に、「石」の画像の位置とサイズを調整しましょう。

⑥ ワードアートを作成し、「Stone Spa FOM」と入力しましょう。
ワードアートのスタイルは「塗りつぶし:白;輪郭:インディゴ、アクセントカラー5;影」にします。
※半角で入力します。

⑦ ワードアートのフォントサイズを72ポイントに設定しましょう。

Hint! ワードアート全体を選択するには、ワードアートの枠線上をクリックします。

⑧ 完成図を参考に、ワードアートの位置とサイズを調整しましょう。

⑨ 「■岩盤浴」「■アロマトリートメント」「■岩盤浴セットコース」のフォントの色を「ピンク、アクセント2」に設定しましょう。

⑩ 完成図を参考に、フォルダー「Word2019編」の画像「spa」を挿入しましょう。

⑪ 「spa」の画像に図のスタイル「対角を丸めた四角形、白」を適用しましょう。

⑫ 「spa」の画像の文字列の折り返しを「四角形」に設定しましょう。

⑬ 完成図を参考に、「spa」の画像の位置とサイズを調整しましょう。

※文書に「Lesson19完成」と名前を付けて、フォルダー「Word2019編」に保存し、閉じておきましょう。

完成図のような文書を作成しましょう。

フォルダー「Word2019編」の文書「Lesson20」を開いておきましょう。

●完成図

① ワードアートを作成し、「春の夜の　ピアノリサイタル」という文字を挿入しましょう。ワードアートのスタイルは「塗りつぶし（グラデーション）：ゴールド、アクセントカラー4；輪郭：ゴールド、アクセントカラー4」にします。

Hint! 文字の後ろで Enter を押すと、ワードアート内で改行されます。

② ワードアートに次の書式を設定しましょう。

フォント	：MSPゴシック
文字の効果	：変形　凹レンズ：下

③ 完成図を参考に、ワードアートの位置とサイズを調整しましょう。

Hint! 黄色の○（ハンドル）をドラッグすると、ワードアートの変形を調整できます。

④「松田貴洋　Dinner Show 2020」の上の行に、フォルダー「Word2019編」の画像「ピアノ」を挿入しましょう。

⑤ 画像を「楕円」の図形に合わせてトリミングしましょう。

⑥ 画像に図の効果「ぼかし」の「10ポイント」を設定しましょう。

⑦ 画像の文字列の折り返しを「上下」に設定しましょう。

⑧ 完成図を参考に、画像の位置とサイズを調整しましょう。

⑨ 文末に3行3列の表を作成し、次のように文字を入力しましょう。

宿泊日	スタンダードツイン	デラックスツイン
12月11日（金）	43,000円／人	48,000円／人
12月12日（土）	47,000円／人	52,000円／人

⑩ 表にスタイル「グリッド（表）4」を適用しましょう。
また、表の行方向の縞模様を解除しましょう。

⑪ 表内の文字をセル内で中央揃えにしましょう。

⑫ 次のページ罫線を設定しましょう。

絵柄：	♪♪♪♪♪♪
色　：	緑、アクセント6、白＋基本色40%

※文書に「Lesson20完成」と名前を付けて、フォルダー「Word2019編」に保存し、閉じておきましょう。

完成図のような文書を作成しましょう。

 フォルダー「Word2019編」の文書「Lesson21」を開いておきましょう。

●完成図

オープン 3 周年記念プラン

おかげさまでオープン 3 周年を迎えることができました。日頃のご愛顧に感謝して
「オープン 3 周年記念プラン」をご提供いたします。この機会にぜひご利用ください。

◆FOM Spa Resort の自慢

雄大な富士山を望む天然温泉
敷地内 4 か所から湧き出る自家源泉を 24 時間かけ流し
地元の滋味を日本料理とイタリア料理で楽しめる
本格的スパトリートメントで心と体が癒される

◆3 周年記念プラン内容

プラン特典　「リフレクソロジー20 分無料チケット」を進呈
　　　　　　　お一人様につき、浴衣 3 枚・バスタオル 3 枚をご用意
　　　　　　　12：00 までチェックアウト延長可能
対象期間　2021 年 6 月 1 日〜7 月 21 日（土曜日・祝前日を除く）
プラン料金（1 泊 2 食付 1 名様料金／消費税・サービス料込）

	通常料金	プラン特別料金
スタンダードツイン	20,000 円	15,000 円
デラックスダブル	30,000 円	25,000 円
スイート	48,000 円	38,000 円

ご予約はお電話にて：FOM Spa Resort　0120-XXX-XXX

① テーマ「レトロスペクト」を適用しましょう。

② 完成図を参考に、フォルダー「Word2019編」の画像「和室」を挿入しましょう。

③ 画像「和室」の文字列の折り返しを「背面」に設定しましょう。

④ 完成図を参考に、画像「和室」の位置とサイズを調整しましょう。

⑤ ワードアートを作成し、「FOM Spa Resort」という文字を挿入しましょう。ワードアートのスタイルは「塗りつぶし：アイスブルー、背景色2；影（内側）」にします。

⑥ ワードアートに次の書式を設定しましょう。

フォント　　　：Arial Black
フォントサイズ：48ポイント
右揃え

⑦ 完成図を参考に、ワードアートの位置を調整しましょう。

⑧ 次のように各文字に効果を設定しましょう。

文字	効果
オープン3周年記念プラン	塗りつぶし：茶、アクセントカラー4；面取り（ソフト）
◆FOM Spa Resortの自慢	塗りつぶし：茶、アクセントカラー3；面取り（シャープ）
◆3周年記念プラン内容	〃

⑨ 「◆FOM Spa Resortの自慢」の前に、フォルダー「Word2019編」の画像「温泉」を挿入しましょう。

⑩ 画像「温泉」に図のスタイル「シンプルな枠、白」を適用しましょう。

⑪ 画像「温泉」の文字列の折り返しを「四角形」に設定しましょう。

⑫ 完成図を参考に、画像の位置とサイズを調整しましょう。

Hint! 画像を回転するには、画像の上側に表示される ↻ （ハンドル）をドラッグします。

⑬「プラン料金」の下に4行3列の表を作成し、次のように文字を入力しましょう。

	通常料金	プラン特別料金
スタンダードツイン	20,000円	15,000円
デラックスダブル	30,000円	25,000円
スイート	48,000円	38,000円

⑭ 表の罫線の色を「ベージュ、アクセント5」に設定しましょう。
また、表の外側の罫線を「2.25pt」の線に設定しましょう。

⑮ 表の1列目に太字を設定しましょう。

⑯ 表の2列目に「ベージュ、アクセント5、白+基本色60%」、3列目に「ベージュ、アクセント5、白+基本色40%」の塗りつぶしを設定しましょう。

⑰ 表の2～3列目の文字をセル内で中央揃えにしましょう。

※文書に「Lesson21完成」と名前を付けて、フォルダー「Word2019編」に保存し、閉じておきましょう。

Lesson 22 チケットを作成しよう

解答 ▶ P.26

完成図のような文書を作成しましょう。

 Wordを起動し、新しい文書を作成しておきましょう。

●完成図

みなと区民オーケストラ
ファミリーコンサート
みなと区民会館

2020/12/19（土）

15:30 開場　16:00 開演
全席自由　¥500-

みなと区民オーケストラ
ファミリーコンサート
みなと区民会館

2020/12/19（土）

15:30 開場　16:00 開演
全席自由　¥500-

みなと区民オーケストラ
ファミリーコンサート
みなと区民会館

2020/12/19（土）

15:30 開場　16:00 開演
全席自由　¥500-

みなと区民オーケストラ
ファミリーコンサート
みなと区民会館

2020/12/19（土）

15:30 開場　16:00 開演
全席自由　¥500-

みなと区民オーケストラ
ファミリーコンサート
みなと区民会館

2020/12/19（土）

15:30 開場　16:00 開演
全席自由　¥500-

みなと区民オーケストラ
ファミリーコンサート
みなと区民会館

2020/12/19（土）

15:30 開場　16:00 開演
全席自由　¥500-

みなと区民オーケストラ
ファミリーコンサート
みなと区民会館

2020/12/19（土）

15:30 開場　16:00 開演
全席自由　¥500-

みなと区民オーケストラ
ファミリーコンサート
みなと区民会館

2020/12/19（土）

15:30 開場　16:00 開演
全席自由　¥500-

みなと区民オーケストラ
ファミリーコンサート
みなと区民会館

2020/12/19（土）

15:30 開場　16:00 開演
全席自由　¥500-

みなと区民オーケストラ
ファミリーコンサート
みなと区民会館

2020/12/19（土）

15:30 開場　16:00 開演
全席自由　¥500-

① ページの余白を「狭い」に設定しましょう。

② 次のように文書の基本のフォントを設定しましょう。

日本語用のフォント：MSPゴシック 英数字用のフォント：Arial

③ 1行2列の表を作成し、次のように文字を入力しましょう。

みなと区民オーケストラ ↵ ファミリーコンサート ↵ みなと区民会館 ↵ 2020/12/19（土）↵ 15:30開場□16:00開演 ↵ 全席自由□￥500-	

※ ↵で Enter を押して改行します。
※ □は全角空白を表します。

④ 次のように表内の各文字のフォントサイズを設定しましょう。

文字	フォントサイズ
みなと区民オーケストラ ファミリーコンサート みなと区民会館	12ポイント
2020/12/19（土）	18ポイント

⑤ 左側のセルの文字をコピーして、右側のセル内に貼り付けましょう。

Hint! セル内の文字をコピーするには、セル単位ではなく、文字単位で選択します。

⑥ 次のように表の行の高さと列の幅を設定しましょう。

行の高さ：50mm 列の幅　：1列目　130mm 　　　　　2列目　50mm

⑦ 完成図を参考に、表内の文字の配置を調整しましょう。

⑧完成図を参考に、フォルダー「Word2019編」の画像「指揮者」を挿入しましょう。

⑨画像の文字列の折り返しを「前面」に設定しましょう。

⑩完成図を参考に、画像の位置とサイズを調整しましょう。

⑪表の1列目に「青、アクセント1、白+基本色80％」の塗りつぶしを設定しましょう。

⑫表の2列目に「青、アクセント5、白+基本色40％」の塗りつぶしを設定しましょう。

⑬完成図を参考に、表の1列目と2列目の間の罫線を点線に設定しましょう。

⑭完成図を参考に、1行2列の表をコピーして、5行2列の表にしましょう。

Hint! 表に設定されている書式を含めて貼り付けるには、元の形式を保持して貼り付けます。

※文書に「Lesson22完成」と名前を付けて、フォルダー「Word2019編」に保存し、閉じておきましょう。

完成図のような文書を作成しましょう。

 フォルダー「Word2019編」の文書「Lesson23」を開いておきましょう。

●完成図

本日の特売品

岡山産

マスカット・オブ・アレキサンドリア

甘みと香りの強いブドウの女王
贈答用にもどうぞ！

¥1,080-

① 次のように表の罫線を設定しましょう。

罫線の太さ：3pt
罫線の色　　：オレンジ、アクセント2

② 表の1行目に次の書式を設定しましょう。

セルの塗りつぶし：オレンジ、アクセント2
フォント　　　　：メイリオ
フォントサイズ　：26ポイント
フォントの色　　：白、背景1
中央揃え

③表の2行目のフォントを「MSPゴシック」に設定しましょう。
また、次のように各文字のフォントサイズを設定しましょう。

文字	フォントサイズ
岡山産	26ポイント
マスカット・オブ・ アレキサンドリア	48ポイント
甘みと香りの強いブドウの女王 贈答用にもどうぞ！	22ポイント
￥1,080-	72ポイント

④「￥1,080-」に次の書式を設定しましょう。

フォントの色：赤
太字
斜体

⑤直線を使って、マスカットの枝を作成しましょう。
また、直線に次の書式を設定しましょう。

図形の枠線　色　　：オレンジ、アクセント2、黒＋基本色50％
図形の枠線　太さ：6pt

⑥作成したマスカットの枝をコピーして、完成図を参考に回転して配置しましょう。

Hint! 直線を回転するには、〇（ハンドル）をドラッグします。

⑦楕円を使って、マスカットのつぶを作成しましょう。マスカットのつぶは真円にします。
また、真円に次の書式を設定しましょう。

図形の塗りつぶし　色　　　　　　：薄い緑
図形の塗りつぶし　グラデーション：濃色のバリエーション
　　　　　　　　　　　　　　　　斜め方向-右下から左上
図形の枠線　　　　　　　　　　　：枠線なし

Hint! 真円を作成するには、[Shift]を押しながらドラッグします。

⑧完成図を参考に、作成したマスカットのつぶをコピーしましょう。

※文書に「Lesson23完成」と名前を付けて、フォルダー「Word2019編」に保存し、閉じておきましょう。

解答 ▶ P.29

完成図のような文書を作成しましょう。

 Wordを起動し、新しい文書を作成しておきましょう。

●完成図

① ページの背景色を「緑、アクセント6、白+基本色40%」に設定しましょう。

② 完成図を参考に、フォルダー「Word2019編」の画像「桜」を挿入しましょう。

③ 画像の文字列の折り返しを「背面」に設定しましょう。

④ 完成図を参考に、画像の位置とサイズを調整しましょう。

⑤ 次のように直角三角形の図形を作成しましょう。

直角三角形

⑥ 完成図を参考に、⑤で作成した図形をページ下部にコピーしましょう。

Hint! 図形を垂直方向や水平方向にコピーするには、 Ctrl と Shift を押しながら図形の枠線をドラッグします。

⑦ ⑤で作成した図形に次の書式を設定しましょう。

図形の塗りつぶし：緑、アクセント6、白+基本色40%
図形の枠線　　　：枠線なし

⑧ ⑥でコピーした図形に次の書式を設定しましょう。

図形の塗りつぶし：緑、アクセント6
図形の枠線　　　：枠線なし

⑨ ワードアートを作成し、次のように文字を入力しましょう。ワードアートのスタイルは「塗りつぶし：黒、文字色1；輪郭：白、背景色1；影（ぼかしなし）：白、背景色1」にします。

東山商店街
春爛漫・桜まつり

⑩ ワードアートに次の書式を設定しましょう。

```
フォント          ：MSPゴシック
フォントサイズ     ：「東山商店街」を48ポイント
                   「春爛漫・桜まつり」を72ポイント
文字の塗りつぶし ：濃い赤
太字解除
左揃え
```

⑪ 完成図を参考に、ワードアートの位置とサイズを調整しましょう。

⑫ 「矢印：五方向」の図形を作成し、次のように図形内に文字を入力しましょう。

```
4.2（金）↵
10：00～22：00
```

⑬ ⑫で作成した図形に次の書式を設定しましょう。

```
図形のスタイル ：パステル-ゴールド、アクセント4
フォント          ：「4.2」「10：00～22：00」をArial Black
                   「（金）」をMSPゴシック
フォントサイズ  ：「4.」を48ポイント
                   「2」を72ポイント
                   「（金）」を24ポイント
                   「10：00～22：00」を18ポイント
左揃え
```

⑭ 完成図を参考に、⑫で作成した図形の位置とサイズを調整しましょう。

Hint! 黄色の○（ハンドル）をドラッグすると、図形の鋭角の角度を調整できます。

⑮ ⑫で作成した図形を2個コピーして、次のように図形内の文字を修正しましょう。

```
4.3（土）↵
10：00～22：00
```

```
4.4（日）↵
10：00～20：00
```

⑯ テキストボックスを作成し、次のように文字を入力しましょう。

```
毎年恒例になりました「桜まつり」。今年も楽しいイベントが盛りだくさん！↵
満開の桜の下で楽しいひとときを過ごしませんか？↵
ご家族お揃いで、ぜひご来場ください。
```

⑰ テキストボックスに次の書式を設定しましょう。

```
図形の塗りつぶし：塗りつぶしなし
図形の枠線　　　：枠線なし
フォント　　　　：MSP明朝
フォントサイズ　：18ポイント
太字
```

⑱ 完成図を参考に、テキストボックスの位置とサイズを調整しましょう。

⑲ 「四角形：対角を丸める」の図形を作成し、次のように図形内に文字を入力しましょう。

```
掘り出し物に出会える ↵
楽しい屋台村
```

⑳ ⑲で作成した図形に次の書式を設定しましょう。

```
図形のスタイル：光沢-青、アクセント5
フォント　　　：MSPゴシック
フォントサイズ　：「掘り出し物に出会える」を18ポイント
　　　　　　　　　「楽しい屋台村」を36ポイント
```

㉑ 完成図を参考に、⑲で作成した図形の位置とサイズを調整しましょう。

㉒ ⑲で作成した図形を3個コピーして、次のように図形内の文字を修正しましょう。

```
各日先着100名様 ↵
お団子試食会
```

```
豪華景品が当たる！ ↵
お楽しみ抽選会
```

```
飛び入り参加大歓迎！ ↵
大道芸パレード
```

㉓ ㉒でコピーした「お団子試食会」と「お楽しみ抽選会」の図形にスタイル「光沢-青、アクセント1」を適用しましょう。

※文書に「Lesson24完成」と名前を付けて、フォルダー「Word2019編」に保存し、閉じておきましょう。

解答 ▶ P.33

完成図のような文書を作成しましょう。

 Wordを起動し、新しい文書を作成しておきましょう。

●完成図

① ページの背景色を「緑、アクセント6、黒+基本色50%」に設定しましょう。

② ワードアートを作成し、次のように文字を入力しましょう。ワードアートのスタイルは「塗りつぶし：薄い灰色、背景色2；影（内側）」にします。

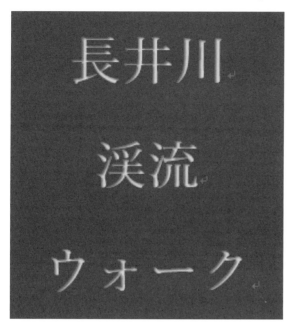

③ ワードアートに次の書式を設定しましょう。

フォント	：MSPゴシック
フォントサイズ	：72ポイント
左揃え	

④ 完成図を参考に、ワードアートの位置を調整しましょう。

⑤ テキストボックスを作成し、「～初夏の自然を楽しむ13キロ～」と入力しましょう。

⑥ ⑤で作成したテキストボックスに次の書式を設定しましょう。

図形の塗りつぶし	：塗りつぶしなし
図形の枠線	：枠線なし
フォント	：MSPゴシック
フォントサイズ	：18ポイント
フォントの色	：黄

⑦ 完成図を参考に、⑤で作成したテキストボックスの位置とサイズを調整しましょう。

Word 2019編

Excel 2019編

⑧ テキストボックスを作成し、次のように文字を入力しましょう。

初夏の長井川渓流から村田湖をウォーキングで巡りませんか？□渓流の傍らに咲く
花々などの自然を楽しめるコースです。↵
↵
集合日時：5月22日(土) ↵
□□□□□午前8時20分 ↵
集合場所：さくら町運動場 ↵
↵
コース： ↵
さくら町運動場→長井川渓流→村田湖(昼食) ↵
→さくら町運動場(15時頃ゴール予定) ↵
↵
費用：会員無料 ↵
主催：さくら町歩け歩け会

※ ↵ で Enter を押して改行します。
※ □ は全角空白を表します。
※「→」は「やじるし」と入力して変換します。

⑨ ⑧で作成したテキストボックスに次の書式を設定しましょう。

図形の塗りつぶし ：塗りつぶしなし
図形の枠線　　　 ：枠線なし
フォント　　　　 ：MSゴシック
フォントサイズ　 ：12ポイント
フォントの色　　 ：白、背景1

⑩ ⑧で作成したテキストボックスの「集合日時：5月22日(土)」から「集合場所：
さくら町運動場」までのフォントサイズを20ポイントに設定しましょう。

⑪ 完成図を参考に、⑧で作成したテキストボックスの位置とサイズを調整しま
しょう。

⑫ 完成図を参考に、フォルダー「Word2019編」の画像「小川」と画像「滝」を
挿入しましょう。

⑬ 2つの画像の文字列の折り返しを「前面」に設定しましょう。

⑭ 完成図を参考に、2つの画像の位置とサイズを調整しましょう。

⑮ 背景色が印刷されるように印刷オプションを設定しましょう。
次に、印刷イメージを確認し、1部印刷しましょう。

※文書に「Lesson25完成」と名前を付けて、フォルダー「Word2019編」に保存し、閉じてお
きましょう。

Excel 2019編

表の作成、数式の入力、グラフの作成、データベースの利用など、Excelの基本的な機能に関する練習問題です。
Lesson26〜50まで全25問を用意しています。

 解答 ▶ P.35

完成図のようにデータを入力しましょう。

 **Excelを起動し、新しいブックを作成しておきましょう。**

●完成図

	A	B	C	D	E	F
1	インターネットで買い物					
2						
3	布マスク	480				
4	消毒液	1200				
5	体温計	700				
6	小計	2380				
7	消費税	0.1				
8	総計	2618				
9						

① 次のようにデータを入力しましょう。

	A	B	C	D	E	F
1	インターネットで買い物					
2						
3	マスク	480				
4	消毒液	1200				
5	体温計	700				
6	小計					
7	消費税	0.1				
8	総計					
9						

② セル【B6】に「小計」を求めましょう。

Hint! 「小計」はセル範囲【B3：B5】の数値を合計して求めます。

③ セル【B8】に「総計」を求めましょう。

Hint! 「総計」は「小計×(1＋消費税)」で求めます。

④ ブックに「Lesson26完成」と名前を付けて、フォルダー「Excel2019編」に保存しましょう。

⑤ ブック「Lesson26完成」を閉じましょう。

⑥ 保存したブック「Lesson26完成」を開きましょう。

⑦ セル【A3】の「マスク」を「布マスク」に修正し、ブックを上書き保存しましょう。

※ブック「Lesson26完成」を閉じておきましょう。

Lesson 27 データを入力しよう②

解答 ▶ P.36

完成図のようにデータを入力しましょう。

 Excelを起動し、新しいブックを作成しておきましょう。

●完成図

	A	B	C	D	E
1	忘年会会費				
2					
3	1名分	食事代	4200		
4		飲み放題	1300		
5		会費	5500		
6					
7	合計	人数	24		
8		会費	132000		
9					

① 次のようにデータを入力しましょう。

	A	B	C	D	E
1	忘年会会費				
2					
3	1名分	食事代	4200		
4		飲み放題	1300		
5		会費			
6					
7	合計	人数	22		
8		会費			
9					

② セル【C5】に「1名分」の「会費」を求めましょう。

Hint! 「1名分」の「会費」は「食事代＋飲み放題」で求めます。

③ セル【C8】に「合計」の「会費」を求めましょう。

Hint! 「合計」の「会費」は「1名分の会費×人数」で求めます。

④ ブックに「Lesson27完成」と名前を付けて、フォルダー「Excel2019編」に保存しましょう。

⑤ ブック「Lesson27完成」を閉じましょう。

⑥ 保存したブック「Lesson27完成」を開きましょう。

⑦ セル【C7】の「22」を「24」に修正し、ブックを上書き保存しましょう。

※ブック「Lesson27完成」を閉じておきましょう。

完成図のようにデータを入力しましょう。

 **File OPEN** Excelを起動し、新しいブックを作成しておきましょう。

●完成図

	A	B	C	D	E	F
1	Tシャツ週間売上数					
2					単位：枚	
3		男性用	女性用	子供用	合計	
4	東京	593	128	729	1450	
5	大阪	279	810	311	1400	
6	福岡	306	784	467	1557	
7	合計	1178	1722	1507	4407	
8						

① 次のようにデータを入力しましょう。

	A	B	C	D	E	F
1	Tシャツ売上					
2					単位：枚	
3		男性用	女性用	子供用		
4	東京	593	128	729		
5	大阪	279	810	311		
6	福岡	306	784	467		
7	合計					
8						

② セル【A7】の「合計」をセル【E3】にコピーしましょう。

③ セル【E4】に「東京」の「合計」を求めましょう。

④ オートフィルを使って、セル【E4】の数式をセル範囲【E5:E6】にコピーしましょう。

⑤ セル【B7】に「男性用」の「合計」を求めましょう。

⑥ オートフィルを使って、セル【B7】の数式をセル範囲【C7:E7】にコピーしましょう。

⑦ セル【A1】の「Tシャツ売上」を「Tシャツ週間売上数」に修正しましょう。

※ブックに「Lesson28完成」と名前を付けて、フォルダー「Excel2019編」に保存し、閉じておきましょう。

Lesson 29 スケジュール表を作成しよう 解答 ▶ P.37

完成図のような表を作成しましょう。

 フォルダー「Excel2019編」のブック「Lesson29」を開いておきましょう。

●完成図

月日	曜日	全体の予定	担当者①	担当者②	担当者③	備考
11月1日	日					
11月2日	月					
11月3日	火					
11月4日	水					
11月5日	木					
11月6日	金					
11月7日	土					
11月8日	日					
11月9日	月					
11月10日	火					
11月11日	水					
11月12日	木					
11月13日	金					
11月14日	土					
11月15日	日					
11月16日	月					
11月17日	火					
11月18日	水					
11月25日						
11月26日	木					
11月27日	金					
11月28日	土					
11月29日	日					
11月30日	月					

グループスケジュール表

① セル【B4】に「11月1日」、セル【C4】に「日」と入力しましょう。
次に、オートフィルを使って、セル範囲【B5：C33】に連続データを入力しましょう。

② セル範囲【B3：H33】に格子線を引きましょう。

③ 完成図を参考に、列の幅を調整しましょう。

④ セル【B1】にスタイル「タイトル」を適用しましょう。

Hint! 《ホーム》タブ→《スタイル》グループを使います。

⑤ セル範囲【B3：H3】の文字列に太字を設定しましょう。

⑥ セル範囲【B3：H3】とセル範囲【C4：C33】の文字列を中央揃えにしましょう。

※ブックに「Lesson29完成」と名前を付けて、フォルダー「Excel2019編」に保存し、閉じておきましょう。

解答 ▶ P.38

完成図のような表を作成しましょう。

File OPEN　フォルダー「Excel2019編」のブック「Lesson30」を開いておきましょう。

●完成図

	A	B	C	D	E
1	町内パトロール当番表 （4月）				
2					
3	地域防犯にはあなたの協力が必要です。				
4	地域の安全は地域で守りましょう！				
5					
6	班	1班	2班	3班	
7	担当	浜野、時田、田中	風間、今井、境	後藤、酒田、佐々木	
8	第1週	○			
9	第2週		○		
10	第3週			○	
11	第4週	○			
12	第5週		○		
13					

① セル【A8】に「第1週」と入力しましょう。
　次に、オートフィルを使って、セル範囲【A9：A12】に連続データを入力しましょう。

② セル【B6】に「1班」と入力しましょう。
　次に、オートフィルを使って、セル範囲【C6：D6】に連続データを入力しましょう。

③ セル範囲【A6：D12】に格子線を引きましょう。

④ B～D列の列の幅を「24」に設定しましょう。

⑤ 8～12行目の行の高さを「35」に設定しましょう。

⑥ セル【B8】に「○」と入力し、セル【C9】、セル【D10】、セル【B11】、セル【C12】にコピーしましょう。
※「○」は「まる」と入力して変換します。

⑦ セル【A1】のタイトルに次の書式を設定しましょう。

フォント	：MSゴシック
フォントサイズ	：26ポイント
フォントの色	：オレンジ、アクセント2、黒＋基本色25％

⑧ セル範囲【A3：A4】のフォントサイズを12ポイントに設定しましょう。
　　次に、セル範囲【A8：D12】のフォントサイズを14ポイントに設定しましょう。

⑨ セル範囲【A6：D6】に次の書式を設定しましょう。

フォントサイズ	：14ポイント
塗りつぶしの色	：オレンジ、アクセント2、白＋基本色40％

⑩ セル範囲【A7：D7】に次の書式を設定しましょう。

塗りつぶしの色	：オレンジ、アクセント2、黒＋基本色50％
フォントの色	：白、背景1

⑪ セル範囲【A6：D12】の文字列を中央揃えにしましょう。

⑫ 完成図を参考に、フォルダー「Excel2019編」の画像「防犯」を挿入しましょう。

⑬ 完成図を参考に、画像の位置とサイズを調整しましょう。

⑭ 次のようにページを設定し、ページ中央に表を印刷しましょう。

用紙サイズ	：A4
印刷の向き	：横
拡大縮小印刷	：140％

※ブックに「Lesson30完成」と名前を付けて、フォルダー「Excel2019編」に保存し、閉じておきましょう。

解答 ▶ P.39

完成図のような表を作成しましょう。

File OPEN フォルダー「Excel2019編」のブック「Lesson31」を開いておきましょう。

●完成図

	A	B	C	D	E	F	G	H	I
1			朝日町夏祭り						
2			町内会当番表						
3			※担当する時間の5分前には持ち場に集合してください。						
4									
5	時間	行事	焼きそば	お好み焼き	牛串焼き	わたあめ	かき氷	飲み物	ヨーヨー
6	9:00	準備	1班	2班	3班	4班	5班	6班	7班
7	10:00	式典	↓	↓	↓	↓	↓	↓	↓
8	11:00	神楽	8班	9班	10班	11班	12班	13班	14班
9	12:00	福まき	↓	↓	↓	↓	↓	↓	↓
10	13:00	山車巡業	1班	2班	3班	4班	5班	6班	7班
11	14:00	↓	↓	↓	↓	↓	↓	↓	↓
12	15:00	↓	8班	9班	10班	11班	12班	13班	14班
13	16:00	琴演奏	↓	↓	↓	↓	↓	↓	↓
14	17:00	空手道	1班	2班	3班	4班	5班	6班	7班
15	18:00	盆踊り	↓	↓	↓	↓	↓	↓	↓
16	19:00	↓	8班	9班	10班	11班	12班	13班	14班
17	20:00	式典	↓	↓	↓	↓	↓	↓	↓
18									

① セル【A6】に「9:00」と入力しましょう。

　次に、オートフィルを使って、セル範囲【A7:A17】に連続データを入力しましょう。

② セル【B11】に「↓」と入力し、セル【B12】、セル【B16】、セル範囲【C7:I7】、セル範囲【C9:I9】にコピーしましょう。

※「↓」は「やじるし」と入力して変換します。

③ セル範囲【C6:I9】をコピーし、セル【C10】とセル【C14】を開始位置として貼り付けましょう。

④ セル範囲【A5:I17】に格子線を引きましょう。

⑤ B～I列の列の幅を「11」に設定しましょう。

⑥ 5〜17行目の行の高さを「25」に設定しましょう。

⑦ セル【C1】とセル【E2】に次の書式を設定しましょう。

フォント	：MS UI Gothic
フォントサイズ	：36ポイント
フォントの色	：青、アクセント1、黒＋基本色50%

Hint! 2つのセルをまとめて選択して、書式を設定すると効率的です。
複数のセルをまとめて選択するには、2つ目以降のセルを Ctrl を押しながら選択します。

⑧ セル範囲【A5：I5】に次の書式を設定しましょう。

塗りつぶしの色	：青、アクセント1
フォントの色	：白、背景1
太字	

⑨ セル範囲【A5：I17】に次の書式を設定しましょう。

フォントサイズ	：12ポイント
中央揃え	

⑩ 完成図を参考に、フォルダー「Excel2019編」の画像「うちわ」を挿入しましょう。

⑪ 完成図を参考に、画像の位置とサイズを調整しましょう。

※ブックに「Lesson31完成」と名前を付けて、フォルダー「Excel2019編」に保存し、閉じておきましょう。

完成図のような表を作成しましょう。

 **File OPEN** フォルダー「Excel2019編」のブック「Lesson32」を開いておきましょう。

●完成図

	A	B	C	D	E	F	G	H	I
1	週間入場者数								
2									
3		第1週	第2週	第3週	第4週	合計	平均	構成比	
4	10代以下	12,453	13,425	15,432	13,254	54,564	13,641	21.7%	
5	20代	21,531	23,405	28,451	24,854	98,241	24,560	39.0%	
6	30代	12,324	13,584	19,543	14,683	60,134	15,034	23.9%	
7	40代	8,452	7,483	8,253	8,246	32,434	8,109	12.9%	
8	50代以上	1,250	2,254	1,482	1,243	6,229	1,557	2.5%	
9	合計	56,010	60,151	73,161	62,280	251,602	62,901	100.0%	
10									

① セル【B9】に「第1週」の「合計」を求めましょう。
　次に、セル【B9】の数式をセル範囲【C9:E9】にコピーしましょう。

② セル【F4】に「10代以下」の「合計」、セル【G4】に「10代以下」の「平均」を求めましょう。
　次に、セル範囲【F4:G4】の数式をセル範囲【F5:G9】にコピーしましょう。

③ セル【H4】に「10代以下」の「構成比」を求めましょう。
　次に、セル【H4】の数式をセル範囲【H5:H9】にコピーしましょう。

Hint! 「構成比」は「各年代の合計÷全体の合計」で求めます。

④ セル範囲【A3:H9】に格子線を引きましょう。

⑤ セル範囲【A3:H3】とセル【A9】に、次の書式を設定しましょう。

> **塗りつぶしの色：緑、アクセント6、白+基本色60%**
> **太字**
> **中央揃え**

⑥ セル範囲【B4:G9】の数値に3桁区切りカンマを付けましょう。

⑦ セル範囲【H4:H9】の数値が小数第1位までのパーセントで表示されるように設定しましょう。

※ブックに「Lesson32完成」と名前を付けて、フォルダー「Excel2019編」に保存し、閉じておきましょう。

解答▶ P.42

完成図のような表を作成しましょう。

File OPEN フォルダー「Excel2019編」のブック「Lesson33」を開いておきましょう。

●完成図

	A	B	C	D	E	F
1	お財布の残金帳簿					
2						
3	日付	内容	入金	出金	残金	
4		繰越残金			978	
5	8月3日	ニッコリマートで買い物		348	630	
6	8月4日	ATMで引き出し	10,000		10,630	
7	8月5日	スーパーあおいで買い物		1,048	9,582	
8	8月7日	さくらジャパンでカラオケ		2,100	7,482	
9	8月10日	ニッコリマートで買い物		850	6,632	
10	8月13日	夏祭りの会費		5,250	1,382	
11					1,382	
12					1,382	
13					1,382	
14					1,382	
15					1,382	
16					1,382	
17					1,382	
18					1,382	
19					1,382	
20			合計	10,000	9,596	
21						

① 完成図を参考に、罫線を引きましょう。

② セル【A1】のフォントサイズを16ポイントに設定しましょう。

③ セル範囲【A3：E3】の文字列を中央揃えにしましょう。
　　次に、セル【B20】の文字列を右揃えにしましょう。

④ セル【E5】に「8月3日」の「残金」を求めましょう。
　　次に、セル【E5】の数式をセル範囲【E6：E19】にコピーしましょう。
※書式がコピーされないようにしましょう。

Hint! 「残金」は「前日の残金＋当日の入金－当日の出金」で求めます。

⑤ セル【C20】に「入金」の「合計」を求めましょう。
　　次に、セル【C20】の数式をセル【D20】にコピーしましょう。

⑥ セル範囲【C4：E20】の数値に3桁区切りカンマを付けましょう。

※ブックに「Lesson33完成」と名前を付けて、フォルダー「Excel2019編」に保存し、閉じておきましょう。

 解答 ▶ P.43

完成図のような表を作成しましょう。

 フォルダー「Excel2019編」のブック「Lesson34」を開いておきましょう。

●完成図

	月日	曜日	食費	交際費	交通費	娯楽費	服飾費	雑費	その他	日計	累計	備考
1	我が家の家計簿											
2												
3	月日	曜日	食費	交際費	交通費	娯楽費	服飾費	雑費	その他	日計	累計	備考
4	4月1日	木	300							300	300	
5	4月2日	金		15,000						15,000	15,300	山根さんの引越祝い（日本酒、益子焼の杯のセット）
6	4月3日	土	1,280		360		6,700			8,340	23,640	
7	4月4日	日	350	3,000						3,350	26,990	会社へのお土産（うさぎ堂菓子折り）
8	4月5日	月	350							350	27,340	
9	4月6日	火						2,980		2,980	30,320	
10	4月7日	水	980						500	1,480	31,800	町内会費
11	4月8日	木				2,200				2,200	34,000	
12	4月9日	金								0	34,000	
13	4月10日	土								0	34,000	
14	4月11日	日								0	34,000	
15	4月12日	月								0	34,000	
16	4月13日	火								0	34,000	
17	4月14日	水								0	34,000	
18	4月15日	木								0	34,000	
19	4月16日	金								0	34,000	
20	4月17日	土								0	34,000	
21	4月18日	日								0	34,000	
22	4月19日	月								0	34,000	
23	4月20日	火								0	34,000	
24	4月21日	水								0	34,000	
25	4月22日	木								0	34,000	
26	4月23日	金								0	34,000	
27	4月24日	土								0	34,000	
28	4月25日	日								0	34,000	
29	4月26日	月								0	34,000	
30	4月27日	火								0	34,000	
31	4月28日	水								0	34,000	
32	4月29日	木								0	34,000	
33	4月30日	金								0	34,000	
34			3,260	18,000	360	2,200	6,700	2,980	500	34,000		
35												

① セル【A1】のフォントサイズを14ポイント、太字に設定しましょう。

② セル範囲【A34：B34】を結合しましょう。

③ 完成図を参考に、罫線を引きましょう。

④ B列の列の幅を自動調整し、最適な列の幅に変更しましょう。

⑤ L列の列の幅を「24」に設定しましょう。

⑥ セル範囲【A3：L3】とセル範囲【B4：B33】の文字列を中央揃えにしましょう。

⑦ セル範囲【L4：L34】の文字列を折り返して全体が表示されるように設定しましょう。

⑧ セル【J4】に「4月1日」の「日計」を求めましょう。
　 次に、セル【J4】の数式をセル範囲【J5：J33】にコピーしましょう。
※書式がコピーされないようにしましょう。

⑨ セル【C34】に「食費」の合計を求めましょう。
　 次に、セル【C34】の数式をセル範囲【D34：J34】にコピーしましょう。

⑩ セル【K4】にセル【J4】の「日計」をそのまま表示する数式を入力しましょう。
　 次に、セル【K5】に、前日の「累計」と当日の「日計」を加算する数式を入力しましょう。
　 さらに、セル【K5】の数式をセル範囲【K6：K33】にコピーしましょう。

⑪ セル範囲【C4：K34】の数値に3桁区切りカンマを付けましょう。

⑫ 1～3行目を固定し、表の最終行を表示しましょう。

※ブックに「Lesson34完成」と名前を付けて、フォルダー「Excel2019編」に保存し、閉じておきましょう。

完成図のような表を作成しましょう。

 フォルダー「Excel2019編」のブック「Lesson35」を開いておきましょう。

●完成図

シート「8月」

	A	B	C	D	E	F	G	H	I	J
1	我が家のCO_2排出量									
2									2020年8月分	
3										
4	項目	支払金額	使用量			CO_2排出係数		CO_2排出量		
5	電気	¥10,994	451	kWh	×	0.51	=	230.91	kg-CO_2	
6	水道	¥6,825	30	㎥	×	0.36	=	10.80	kg-CO_2	
7	都市ガス	¥6,922	46	㎥	×	2.23	=	102.58	kg-CO_2	
8	LPガス			㎥	×	6.00	=	0.00	kg-CO_2	
9	灯油			ℓ	×	2.49	=	0.00	kg-CO_2	
10	軽油			ℓ	×	2.58	=	0.00	kg-CO_2	
11	ガソリン	¥8,640	54	ℓ	×	2.32	=	125.28	kg-CO_2	
12	合計							469.57	kg-CO_2	
13										

8月 | 9月 | ⊕

シート「9月」

	A	B	C	D	E	F	G	H	I	J
1	我が家のCO_2排出量									
2									2020年9月分	
3										
4	項目	支払金額	使用量			CO_2排出係数		CO_2排出量		
5	電気			kWh	×	0.51	=	0.00	kg-CO_2	
6	水道			㎥	×	0.36	=	0.00	kg-CO_2	
7	都市ガス			㎥	×	2.23	=	0.00	kg-CO_2	
8	LPガス			㎥	×	6.00	=	0.00	kg-CO_2	
9	灯油			ℓ	×	2.49	=	0.00	kg-CO_2	
10	軽油			ℓ	×	2.58	=	0.00	kg-CO_2	
11	ガソリン			ℓ	×	2.32	=	0.00	kg-CO_2	
12	合計							0.00	kg-CO_2	
13										

8月 | 9月 | ⊕

① 次のようにC列とD列、E列とF列、F列とG列、H列とI列の間にある罫線を削除しましょう。

	A	B	C	D	E	F	G	H	I	J
1	我が家のCO$_2$排出量									
2									2020年8月分	
3										
4	項目	支払金額	使用量			CO$_2$排出係数		CO$_2$排出量		
5	電気	10994	451	kWh	×	0.51	=		g-CO$_2$	
6	水道	6825	30	㎥	×	0.36	=		g-CO$_2$	
7	都市ガス	6922	40	㎥	×	2.2	=		g-CO$_2$	
8	LPガス			㎥	×	0	=		g-CO$_2$	
9	灯油			ℓ	×	2.49	=		g-CO$_2$	
10	軽油			ℓ	×	2.58	=		g-CO$_2$	
11	ガソリン	8640	54	ℓ	×	2.32	=		g-CO$_2$	
12	合計								g-CO$_2$	
13										

Hint! 《ホーム》タブ→《フォント》グループの □・(下罫線)の ・→《罫線の削除》を使います。

② セル【H5】に「電気」の「CO$_2$排出量」を求めましょう。
次に、セル【H5】の数式をセル範囲【H6:H11】にコピーしましょう。

Hint! 「CO$_2$排出量」は「使用量×CO$_2$排出係数」で求めます。

③ セル【H12】に「CO$_2$排出量」の「合計」を求めましょう。
※セル【H12】には、あらかじめ太字が設定されています。

④ セル範囲【B5:B11】の数値に通貨記号「¥」と3桁区切りカンマを付けましょう。

⑤ セル範囲【F5:F11】とセル範囲【H5:H12】の数値が小数第2位まで表示されるように設定しましょう。

⑥ シート「Sheet1」のシート名を「8月」に変更しましょう。

⑦ シート「8月」をコピーしましょう。
次に、コピーしたシートのシート名を「9月」に変更しましょう。

⑧ シート「9月」のセル【I2】の「2020年8月分」を「2020年9月分」に修正しましょう。

⑨ シート「9月」のセル範囲【B5:C11】のデータをクリアしましょう。

※ブックに「Lesson35完成」と名前を付けて、フォルダー「Excel2019編」に保存し、閉じておきましょう。

完成図のような表を作成しましょう。

 **File OPEN** フォルダー「Excel2019編」のブック「Lesson36」を開いておきましょう。

●完成図

	A	B	C	D	E	F
1	衆議院議員選挙　比例代表選挙区　投票状況					
2						
3	選挙ブロック	議員数(人)	有権者数（千人）	投票者数（千人）	投票率	
4	北海道ブロック	8	4,623	2,704	58.5%	
5	東北ブロック	13	7,823	4,625	59.1%	
6	北関東ブロック	19	11,059	5,879	53.2%	
7	南関東ブロック	22	12,298	6,654	54.1%	
8	東京ブロック	17	9,868	5,257	53.3%	
9	北陸信越ブロック	11	6,241	3,806	61.0%	
10	東海ブロック	21	11,636	6,705	57.6%	
11	近畿ブロック	28	16,502	9,113	55.2%	
12	中国ブロック	11	6,192	3,677	59.4%	
13	四国ブロック	6	3,372	1,924	57.1%	
14	九州ブロック	20	11,622	6,796	58.5%	
15	合計	176	101,236	57,140	56.4%	
16	平均	16	9,203	5,195		
17						

① セル範囲【A1:E1】を結合し、セルの中央に文字列を配置しましょう。

② セル【A3】の書式をセル範囲【B3:E3】にコピーしましょう。

③ 「南関東ブロック」と「北陸信越ブロック」の間に1行挿入しましょう。
　 次に、挿入した行に次のデータを入力しましょう。

セル【A8】	：東京ブロック	セル【C8】	：9868
セル【B8】	：17	セル【D8】	：5257

④ セル【E4】に「北海道ブロック」の「投票率」を求めましょう。
　 次に、セル【E4】の数式をセル範囲【E5:E15】にコピーしましょう。
※書式がコピーされないようにしましょう。

Hint! 「投票率」は「投票者数÷有権者数」で求めます。

⑤ セル範囲【B4:D16】の数値に3桁区切りカンマを付けましょう。

⑥ セル範囲【E4:E15】の数値が小数第1位までのパーセントで表示されるよ
　 うに設定しましょう。

※ブックに「Lesson36完成」と名前を付けて、フォルダー「Excel2019編」に保存し、閉じて
おきましょう。

（省略）

Lesson 37 売上表を作成しよう

完成図のような表を作成しましょう。

 **File OPEN** フォルダー「Excel2019編」のブック「Lesson37」を開いておきましょう。

●完成図

シート「上期」

売上実績表（上期）

	分類	4月	5月	6月	7月	8月	9月	合計	構成比
							単位：千円		
牛肉	1,022	1,254	1,689	1,484	1,470	1,847	8,766	26.7%
鶏肉	1,845	1,118	1,480	1,208	1,980	2,015	9,646	29.4%
豚肉	1,002	1,254	984	1,120	1,040	1,478	6,878	21.0%
その他	1,541	1,052	1,028	1,058	1,158	1,655	7,492	22.9%
合計	5,410	4,678	5,181	4,870	5,648	6,995	32,782	100.0%

上期　下期　⊕

シート「下期」

売上実績表（下期）

	分類	10月	11月	12月	1月	2月	3月	合計	構成比
							単位：千円		
牛肉	1,435	1,442	1,456	1,512	1,488	1,427	8,760	26.9%
鶏肉	1,486	1,480	1,560	1,447	1,445	1,475	8,893	27.3%
豚肉	1,421	1,422	1,449	1,387	1,402	1,411	8,492	26.1%
その他	1,035	951	825	1,280	1,253	1,048	6,392	19.6%
合計	5,377	5,295	5,290	5,626	5,588	5,361	32,537	100.0%

上期　下期　⊕

① シートが「上期」「下期」と並ぶように移動しましょう。

② シート「上期」とシート「下期」をグループに設定しましょう。

③ グループに設定した2枚のシートに次の操作を一括して行いましょう。

> ●セル【A1】にセルのスタイル「タイトル」を設定する
> ●セル【I2】に「単位：千円」と入力し、右揃えにする
> ●セル範囲【A3：I3】とセル【A8】を中央揃えにし、「白、背景1、黒+基本色15%」の塗りつぶしを設定する
> ●H列と8行目に「合計」を求める
> ●I列に「構成比」を求める
> ●セル範囲【B4：H8】に3桁区切りカンマを付ける
> ●セル範囲【I4：I8】の数値を小数第1位までのパーセントで表示

④ グループを解除しましょう。

※ブックに「Lesson37完成」と名前を付けて、フォルダー「Excel2019編」に保存し、閉じておきましょう。

完成図のような表とグラフを作成しましょう。

File OPEN フォルダー「Excel2019編」のブック「Lesson38」を開いておきましょう。

●完成図

	A	B	C	D	E	F	G	H	I	J	K
1	商品別売上数										
2	11月1日（日）〜7日（土）										
3											
4	品名	1日	2日	3日	4日	5日	6日	7日	本数合計	構成比	
5	みたらし	369	380	412	235	370	248	512	2,526	36%	
6	ごま	143	174	164	124	144	178	201	1,128	16%	
7	つぶあん	264	201	223	198	125	204	398	1,613	23%	
8	磯辺	166	142	178	155	98	108	187	1,034	15%	
9	ずんだ	98	123	96	107	94	122	107	747	11%	
10	日合計	1,040	1,020	1,073	819	831	860	1,405	7,048	100%	
11	日平均	208	204	215	164	166	172	281	1,410		

（グラフ：1日〜7日の積み上げ縦棒グラフ。凡例：ずんだ、磯辺、つぶあん、ごま、みたらし）

① セル範囲【A4:J4】とセル範囲【A5:A11】の文字列を中央揃えにしましょう。

② セル範囲【A4:J4】に「青、アクセント5、白+基本色40%」、セル範囲【A10：J11】に「青、アクセント5、白+基本色80%」の塗りつぶしを設定しましょう。

③ セル【I5】に「みたらし」の「本数合計」を求めましょう。
　　次に、セル【I5】の数式をセル範囲【I6:I9】にコピーしましょう。

④ セル【B10】に「1日」の「日合計」、セル【B11】に「1日」の「日平均」を求めましょう。
　　次に、セル範囲【B10:B11】の数式をセル範囲【C10:I11】にコピーしましょう。

⑤ セル【J5】に「みたらし」の「構成比」を求めましょう。
　次に、セル【J5】の数式をセル範囲【J6：J10】にコピーしましょう。

※書式がコピーされないようにしましょう。

Hint! 「構成比」は「各商品の合計÷全体の合計」で求めます。

⑥ セル範囲【B5：I11】の数値に3桁区切りカンマを付けましょう。

⑦ セル範囲【J5：J10】の数値がパーセントで表示されるように設定しましょう。

⑧ セル範囲【A4：H9】をもとに、商品別の売上を表す3-D積み上げ縦棒グラフを作成しましょう。

⑨ グラフにレイアウト「**レイアウト8**」を適用しましょう。

⑩ 完成図を参考に、グラフの位置とサイズを調整しましょう。

⑪ 次のようにページを設定し、表とグラフを印刷しましょう。

用紙サイズ	：A4
印刷の向き	：縦
拡大縮小印刷	：75%

※ブックに「Lesson38完成」と名前を付けて、フォルダー「Excel2019編」に保存し、閉じておきましょう。

完成図のような表を作成しましょう。

 フォルダー「Excel2019編」のブック「Lesson39」を開いておきましょう。

●完成図

	A	B	C	D	E	F
1		秋の味覚キャンペーン　申込書				
2						
3	■申込者					
4	氏名	高橋　敦	電話番号	03-XXXX-XXXX		
5	住所	〒154-XXXX　東京都世田谷区世田谷X-X-X	携帯電話	090-XXXX-XXXX		
6						
7	■申込明細					
8	No.	品名	定価	斡旋価格	申込数量	金額
9	1	青森県産　津軽りんご　5kg詰め合わせ	3,000	2,400	1	2,400
10	2	長野県産　巨峰　3kg詰め合わせ	2,800	2,240	2	4,480
11	3	鳥取県産　二十世紀梨　5kg詰め合わせ	3,500	2,800	1	2,800
12	4	茨城県産　栗　3kg詰め合わせ	3,200	2,560	1	2,560
13	5	北海道産　じゃがいも　10kg詰め合わせ	2,200	1,760	2	3,520
14	6	岩手県産　松茸　500g詰め合わせ（徳島県産すだち2個付き）	9,000	7,200	3	21,600
15	【備考】		小計		10	37,360
16			消費税	8%		2,989
17			総計			40,349
18						

① セル範囲【A1：F1】を結合し、セルの中央に文字列を配置しましょう。

② セル【A1】のタイトルに次の書式を設定しましょう。

> フォントサイズ　　：22ポイント
> 塗りつぶしの色：ゴールド、アクセント4、黒＋基本色50%
> フォントの色　　　：白、背景1
> 太字

③ セル範囲【A4：F5】とセル範囲【A8：F17】に格子線を引きましょう。
次に、同じセル範囲に太い外枠を引きましょう。

④ セル範囲【C15：C17】とセル範囲【D15：D17】の間にある罫線を削除しましょう。

⑤ セル範囲【A4：A5】、セル範囲【C4：C5】、セル範囲【A8：F8】、セル範囲【C15：D17】に次の書式を設定しましょう。

> 塗りつぶしの色：ゴールド、アクセント4、白＋基本色40％
> 中央揃え

⑥ セル範囲【D4：F4】、セル範囲【D5：F5】、セル範囲【A15：B17】、セル範囲【E16：F16】、セル範囲【E17：F17】をそれぞれ結合しましょう。

⑦ セル【A15】の「【備考】」をセル内の左上に配置しましょう。

⑧ セル【F9】に「青森県産　津軽りんご　5kg詰め合わせ」の「金額」を求めましょう。
　次に、セル【F9】の数式をセル範囲【F10：F14】にコピーしましょう。

Hint! 「金額」は「斡旋価格×申込数量」で求めます。

⑨ セル【E15】に「申込数量」の「小計」を求めましょう。
　次に、セル【E15】の数式をセル【F15】にコピーしましょう。
※書式がコピーされないようにしましょう。

⑩ セル【E16】に「消費税」を求めましょう。

Hint! 「消費税」は「小計×消費税率」で求めます。

⑪ セル【E17】に「総計」を求めましょう。

Hint! 「総計」は「小計＋消費税」で求めます。

⑫ セル範囲【C9：F14】とセル範囲【E15：F17】の数値に3桁区切りカンマを付けましょう。

⑬ 次のようにページを設定し、表を印刷しましょう。

> 用紙サイズ　　：A4
> 印刷の向き　　：横
> 拡大縮小印刷：110％

※ブックに「Lesson39完成」と名前を付けて、フォルダー「Excel2019編」に保存し、閉じておきましょう。

完成図のような表を作成しましょう。

 **File OPEN** フォルダー「Excel2019編」のブック「Lesson40」を開いておきましょう。

●完成図

	A	B	C	D	E	F	G
1				ゴルフスコア表			
2							
3	プレイ日：	2020/9/12					
4	ゴルフ場：	FOMゴールデンカントリー倶楽部					
5	メンバー：	佐藤さん					
6		藤原さん					
7		山本さん					
8	SCORE：	TOTAL	105				
9		HDCP	10				
10		NET	95				
11							
12	OUT：						
13	No.	PAR	YARD	SCORE	PUTT	コメント	
14	1番	4	361	7	4		
15	2番	5	474	9	3	新しいボールだったのに、池ポチャでなくなってしまった。	
16	3番	3	146	3	2		
17	4番	4	339	5	2		
18	5番	4	390	15	3	バンカーで5回もたたいてしまった。	
19	6番	4	318	5	2		
20	7番	5	529	10	3	ロストボール。右手の林から見つけられない。	
21	8番	3	173	5	4		
22	9番	4	375	5	2		
23	計	36	3105	64	25	天気はよかったが、午前中は散々な結果だった。	
24							
25	IN：						
26	No.	PAR	YARD	SCORE	PUTT	コメント	
27	10番	4	400	6	3		
28	11番	4	319	4	2		
29	12番	3	153	2	1	5cmの差でホールインワンを逃した。	
30	13番	5	486	5	3		
31	14番	4	345	7	3		
32	15番	4	329	5	2		
33	16番	3	176	3	1		
34	17番	5	495	5	2		
35	18番	4	394	4	2		
36	計	36	3097	41	19	フォームを見直したからか、午後は調子がよかった。	
37							

① セル範囲【B8：C10】とセル範囲【A13：F23】に格子線を引きましょう。

② F列の列の幅を自動調整し、最適な列の幅に変更しましょう。

③ セル範囲【A1：F1】を結合し、セルの中央に文字列を配置しましょう。

④ セル【A1】のタイトルに次の書式を設定しましょう。

> フォントサイズ　　：18ポイント
> 塗りつぶしの色：緑、アクセント6、白+基本色40%
> 太字

⑤ セル範囲【B8：B10】とセル範囲【A13：F13】に「緑、アクセント6、白+基本色40%」、セル範囲【A23：F23】に「緑、アクセント6、白+基本色80%」の塗りつぶしを設定しましょう。

⑥ セル範囲【A13：F13】とセル範囲【A14：A23】の文字列を中央揃えにしましょう。

⑦ セル【B23】に「PAR」の合計を求めましょう。
　　次に、セル【B23】の数式をセル範囲【C23：E23】にコピーしましょう。

⑧ セル範囲【A13：F23】をコピーし、セル【A26】を開始位置として貼り付けましょう。

⑨ セル範囲【A27：F35】とセル【F36】のデータをクリアしましょう。

⑩ 次のようにデータを入力しましょう。

	A	B	C	D	E	F
25	IN：					
26	No.	PAR	YARD	SCORE	PUTT	コメント
27	10番	4	400	6	3	
28	11番	4	319	4	2	
29	12番	3	153	2	1	5cmの差でホールインワンを逃した。
30	13番	5	486	5	3	
31	14番	4	345	7	3	
32	15番	4	329	5	2	
33	16番	3	176	3	1	
34	17番	5	495	5	2	
35	18番	4	394	4	2	
36	計	36	3097	41	19	フォームを見直したからか、午後は調子がよかった。
37						

Hint! 「11番」から「18番」の入力は、オートフィルを使うと効率的です。

⑪ セル【C8】に「SCORE」の「TOTAL」を求めましょう。

Hint! 「TOTAL」は「OUTのSCORE計＋INのSCORE計」で求めます。

⑫ セル【C10】に「SCORE」の「NET」を求めましょう。

Hint! 「NET」は「TOTAL－HDCP」で求めます。

※ブックに「Lesson40完成」と名前を付けて、フォルダー「Excel2019編」に保存し、閉じておきましょう。

完成図のようなグラフを作成しましょう。

 フォルダー「Excel2019編」のブック「Lesson41」を開いておきましょう。

●完成図

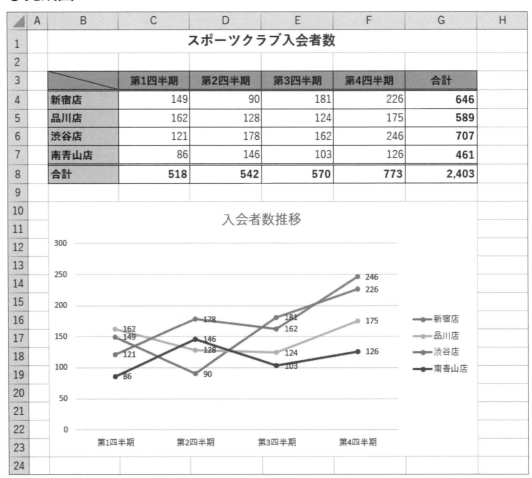

① セル範囲【B3:F7】をもとに、入会者数の推移を表すマーカー付き折れ線グラフを作成しましょう。

② 完成図を参考に、グラフの位置とサイズを調整しましょう。

③ グラフにレイアウト「レイアウト9」を適用しましょう。

④ グラフタイトルを「入会者数推移」に変更しましょう。

⑤ グラフに色「カラフルなパレット3」を適用しましょう。

⑥ グラフだけを印刷しましょう。

※ブックに「Lesson41完成」と名前を付けて、フォルダー「Excel2019編」に保存し、閉じておきましょう。

Lesson 42 ジャンル別売上グラフを作成しよう 解答 ▶ P.53

完成図のようなグラフを作成しましょう。

 フォルダー「Excel2019編」のブック「Lesson42」を開いておきましょう。

●完成図

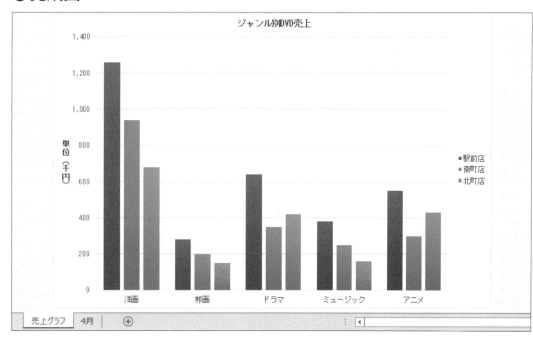

① セル範囲【B3:G6】をもとに、ジャンル別の売上を表す2-D集合縦棒グラフを作成しましょう。

② グラフを新しいシート「売上グラフ」に移動しましょう。

③ グラフタイトルを「ジャンル別DVD売上」に変更しましょう。

④ グラフにスタイル「スタイル6」を適用しましょう。

⑤ グラフエリアのフォントを「MSゴシック」、フォントサイズを12ポイントに設定しましょう。

⑥ 完成図を参考に、凡例の位置を変更しましょう。

⑦ 完成図を参考に、軸ラベル「単位(千円)」を表示しましょう。

※ブックに「Lesson42完成」と名前を付けて、フォルダー「Excel2019編」に保存し、閉じておきましょう。

完成図のようなグラフを作成しましょう。

 フォルダー「Excel2019編」のブック「Lesson43」を開いておきましょう。

●完成図

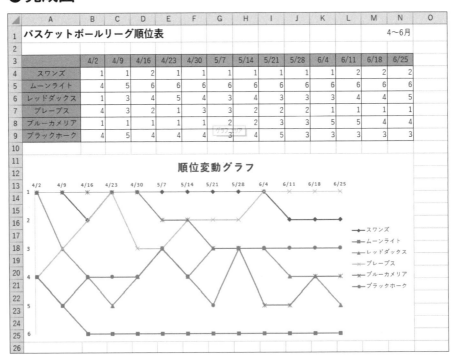

① セル範囲【A3：N9】をもとに、順位の推移を表すマーカー付き折れ線グラフを作成しましょう。

② 完成図を参考に、グラフの位置とサイズを調整しましょう。

③ グラフにスタイル「スタイル11」を適用しましょう。

④ グラフタイトルを「順位変動グラフ」に変更しましょう。

⑤ 完成図を参考に、凡例の位置を変更しましょう。

⑥ 縦（値）軸の値が上から「0」「1」「2」「3」「4」「5」「6」「7」と表示されるように反転しましょう。

Hint! 縦（値）軸を右クリック→《軸の書式設定》→《軸のオプション》を使います。

⑦ 次のように縦（値）軸の目盛を設定しましょう。

最小値 ：1	最大値 ：6	主軸の単位 ：1

※ ブックに「Lesson43完成」と名前を付けて、フォルダー「Excel2019編」に保存し、閉じておきましょう。

 **Lesson44** 健康管理表と健康管理グラフを作成しよう 解答 ▶ P.55

完成図のような表とグラフを作成しましょう。

File OPEN フォルダー「Excel2019編」のブック「Lesson44」を開いておきましょう。

●完成図

シート「健康管理表」

	A	B	C	D	E	F	G
1	健康管理表（6月）						
2							
3	身長	165	cm				
4	標準体重	59.9	kg				
5							
6	日付	体重	標準体重との差	BMI	最高血圧	最低血圧	
7	1日	67.0	7.1	24.6	120	80	
8	2日	66.3	6.4	24.4	123	71	
9	3日	66.6	6.7	24.5	120	72	
10	4日	66.9	7.0	24.6	121	73	
11	5日	67.2	7.3	24.7	130	74	
12	6日	67.2	7.3	24.7	133	65	
13	7日	67.3	7.4	24.7	129	76	
14	8日	67.3	7.4	24.7	133	77	
15	9日	68.0	8.1	25.0	135	77	
16	10日	68.1	8.2	25.0	137	78	
17	11日	68.0	8.1	25.0	139	77	
18	12日	67.7	7.8	24.9	141	78	
19	13日	68.0	8.1	25.0	143	79	
20	14日	67.3	7.4	24.7	138	80	
21	15日	67.3	7.4	24.7	140	80	
22	16日	68.2	8.3	25.1	128	79	
23	17日	68.6	8.7	25.2	129	81	
24	18日	67.3	7.4	24.7	126	78	
25	19日	67.2	7.3	24.7	123	80	
26	20日	66.9	7.0	24.6	121	79	
27	21日	66.9	7.0	24.6	128	78	
28	22日	67.0	7.1	24.6	124	78	
29	23日	67.2	7.3	24.7	135	72	
30	24日	67.4	7.5	24.8	133	72	
31	25日	67.6	7.7	24.8	117	73	
32	26日	67.8	7.9	24.9	125	74	
33	27日	67.5	7.6	24.8	134	77	
34	28日	67.0	7.1	24.6	129	75	
35	29日	66.5	6.6	24.4	135	72	
36	30日	66.0	6.1	24.2	141	78	
37	平均値	67.3	7.4	24.7	130	76	
38	最大値	68.6	8.7	25.2	143	81	
39	最小値	66.0	6.1	24.2	117	65	
40							
41							

◀ ▶ 体重推移 | 血圧推移 | 健康管理表 | ⊕

シート「体重推移」

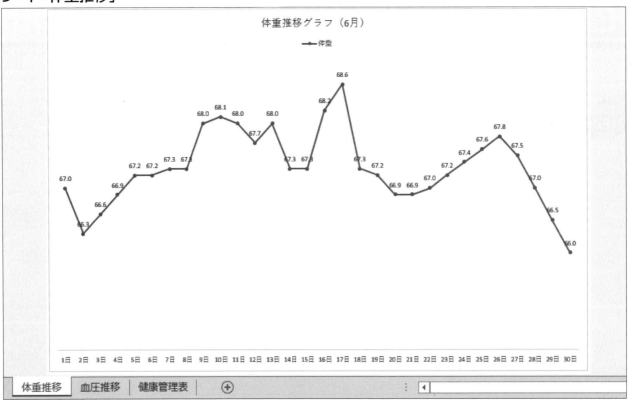

シート「血圧推移」

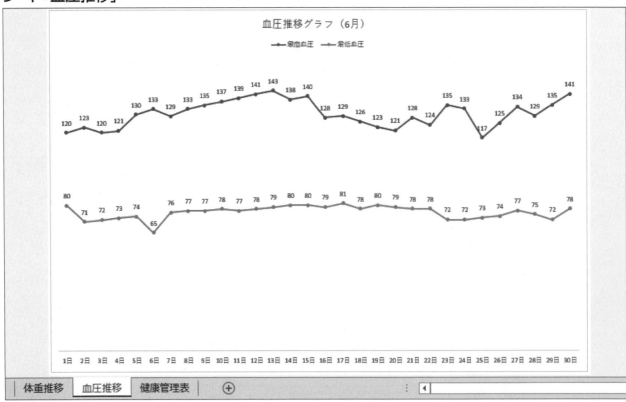

① セル【B4】に標準体重を求めましょう。

Hint! 「標準体重」は「身長m×身長m×22」で求めます。
身長の単位「cm」を「m」に置き換えて、数式を入力します。

② セル【C7】に「1日」の「標準体重との差」を求めましょう。
次に、セル【C7】の数式をセル範囲【C8：C36】にコピーしましょう。

Hint! 「標準体重との差」は「当日の体重－標準体重」で求めます。

③ セル【D7】に「1日」の「BMI」を求めましょう。
次に、セル【D7】の数式をセル範囲【D8：D36】にコピーしましょう。

Hint! 「BMI」は「体重÷（身長m×身長m）」で求めます。

④ セル【B37】に「体重」の「平均値」、セル【B38】に「最大値」、セル【B39】に「最小値」を求めましょう。
次に、セル範囲【B37：B39】の数式をセル範囲【C37：F39】にコピーしましょう。

⑤ セル【B4】とセル範囲【B7：D39】の数値が小数第1位まで表示されるように設定しましょう。

⑥ セル範囲【E37：F39】の数値が整数で表示されるように設定しましょう。

⑦ セル範囲【A6：B36】をもとに、体重の推移を表すマーカー付き折れ線グラフを新しいシートに作成しましょう。シート名は「**体重推移**」にします。

⑧ グラフにレイアウト「**レイアウト2**」を適用しましょう。

⑨ グラフタイトルを「**体重推移グラフ（6月）**」に変更しましょう。

⑩ データラベルの配置を上に変更しましょう。

⑪ セル範囲【A6：A36】とセル範囲【E6：F36】をもとに、最高血圧と最低血圧の推移を表すマーカー付き折れ線グラフを新しいシートに作成しましょう。シート名は「**血圧推移**」にします。

⑫ グラフにレイアウト「**レイアウト2**」を適用しましょう。

⑬ グラフタイトルを「**血圧推移グラフ（6月）**」に変更しましょう。

⑭ データラベルの配置を上に変更しましょう。

※ブックに「Lesson44完成」と名前を付けて、フォルダー「Excel2019編」に保存し、閉じておきましょう。

完成図のような表を作成しましょう。

File OPEN フォルダー「Excel2019編」のブック「Lesson45」を開いておきましょう。

●完成図

	No.	都道府県名	地域	労働力人口 （千人）	就業者 （千人）	完全失業者 （千人）	完全失業率 （%）	全国平均との比較
							2020年1月～3月期	
1		都道府県別労働力調査						
4	1	北海道	北海道	2,655	2,589	66	2.5	悪い
5	2	青森	東北	640	620	20	3.1	悪い
6	3	岩手	東北	652	638	14	2.1	良い
7	4	宮城	東北	1,253	1,220	33	2.6	悪い
8	5	秋田	東北	487	471	16	3.3	悪い
9	6	山形	東北	571	559	12	2.1	良い
10	7	福島	東北	976	955	21	2.2	良い
11	8	茨城	北関東	1,520	1,484	36	2.4	悪い
12	9	栃木	北関東	1,041	1,020	22	2.1	良い
13	10	群馬	北関東	1,035	1,011	24	2.3	悪い
14	11	埼玉	南関東	4,041	3,944	97	2.4	悪い
15	12	千葉	南関東	3,421	3,351	70	2.0	良い
16	13	東京	南関東	8,262	8,049	213	2.6	悪い
17	14	神奈川	南関東	5,196	5,087	109	2.1	良い
18	15	新潟	北陸	1,178	1,151	27	2.3	悪い
19	16	富山	北陸	567	558	10	1.8	良い
20	17	石川	北陸	612	602	10	1.6	良い
21	18	福井	北陸	423	417	6	1.4	良い
22	19	山梨	甲信	445	438	6	1.3	良い
23	20	長野	甲信	1,119	1,096	24	2.1	良い
24	21	岐阜	東海	1,132	1,118	14	1.2	良い
25	22	静岡	東海	2,006	1,965	40	2.0	良い
26	23	愛知	東海	4,225	4,148	77	1.8	良い
27	24	三重	東海	987	976	11	1.1	良い
28	25	滋賀	近畿	785	769	16	2.0	良い
29	26	京都	近畿	1,397	1,359	38	2.7	悪い
30	27	大阪	近畿	4,713	4,577	135	2.9	悪い
31	28	兵庫	近畿	2,810	2,741	70	2.5	悪い
32	29	奈良	近畿	661	645	16	2.4	悪い
33	30	和歌山	近畿	487	476	11	2.3	良い
47	44	大分	九州	593	580	12	2.0	良い
48	45	宮崎	九州	568	556	12	2.1	良い
49	46	鹿児島	九州	820	803	17	2.1	良い
50	47	沖縄	九州	760	737	23	3.0	悪い

	＜集計＞		労働力人口 （千人）	就業者 （千人）	完全失業者 （千人）	完全失業率 （%）
54	全国合計		68,397	66,831	1,566	2.3
55	全国平均		1,455	1,422	33	2.2
56	最大値		8,262	8,049	213	3.3
57	最小値		293	287	6	1.1

出典：「労働力調査結果」（総務省統計局）

▶「労働力人口」が多いレコード3件を抽出

	A	B	C	D	E	F	G	H	I
1		都道府県別労働力調査							2020年1月〜3月期
2									
3		No.	都道府県名	地域	労働力人口 (千人)	就業者 (千人)	完全失業者 (千人)	完全失業率 (%)	全国平均との比較
16		13	東　京	南関東	8,262	8,049	213	2.6	悪い
17		14	神奈川	南関東	5,196	5,087	109	2.1	良い
30		27	大　阪	近　畿	4,713	4,577	135	2.9	悪い
51									

① 1〜3行目を固定し、表の最終行を表示しましょう。

② セル【E56】に「労働力人口」の「最大値」、セル【E57】に「労働力人口」の「最小値」を求めましょう。
次に、セル範囲【E56：E57】の数式をセル範囲【F56：H57】にコピーしましょう。

③ セル【H54】の書式をセル範囲【H56：H57】にコピーしましょう。

④ 次の条件に基づいて、セル【I4】に「北海道」の「全国平均との比較」を求めましょう。

> 北海道の完全失業率が全国平均より高ければ、「悪い」と表示する
> そうでなければ、「良い」と表示する

次に、セル【I4】の数式をセル範囲【I5：I50】にコピーしましょう。

Hint! IF関数を使って、数式を入力します。IF関数は「＝IF（論理式,値が真の場合,値が偽の場合）」のように引数を指定します。
例えば、セル【A1】が80以上であれば「合格」、そうでなければ「不合格」と表示する場合、「＝IF（A1>=80,"合格","不合格"）」と入力します。

⑤「完全失業率」が高い順にレコードを並べ替えましょう。

⑥「No.」順にレコードを並べ替えましょう。

⑦ フィルターを使って、「労働力人口」が多いレコード3件を抽出しましょう。

⑧ フィルターモードを解除しましょう。

※ブックに「Lesson45完成」と名前を付けて、フォルダー「Excel2019編」に保存し、閉じておきましょう。

次のようにデータベースを操作しましょう。

 フォルダー「Excel2019編」のブック「Lesson46」を開いておきましょう。

▶「住所1」が「神奈川県」のレコードを抽出、さらに「ジャンル」が「カイロプラク
ティック」のレコードに絞り込み

	No.	店舗名	ジャンル	郵便番号	住所1	住所2	電話番号	定休
						癒しのお店リスト		
6	3	足もみ～横浜店	カイロプラクティック	223-0061	神奈川県	横浜市港北区日吉X-X-X	045-331-XXXX	火
19	16	日入整骨院	カイロプラクティック	220-0011	神奈川県	横浜市西区高島X-X-X	045-535-XXXX	木
31	28	リラックスハウス・バウ	カイロプラクティック	236-0028	神奈川県	横浜市金沢区洲崎町X-X-X	045-772-XXXX	月

▶「店舗名」に「整骨」または「整体」が含まれるレコードを抽出

	No.	店舗名	ジャンル	郵便番号	住所1	住所2	電話番号	定休
						癒しのお店リスト		
15	12	整体院バランス	カイロプラクティック	150-0013	東京都	渋谷区恵比寿X-X-X	03-3554-XXXX	なし
17	14	千代田整骨院	カイロプラクティック	100-0005	東京都	千代田区丸の内X-X-X	03-3311-XXXX	水
19	16	日入整骨院	カイロプラクティック	220-0011	神奈川県	横浜市西区高島X-X-X	045-535-XXXX	木
26	23	文京整体院	カイロプラクティック	151-0073	東京都	渋谷区笹塚X-X-X	03-3378-XXXX	火

① 「住所1」を基準に五十音順（あ→ん）に並べ替え、さらに「住所1」が同じレ
コードは「ジャンル」を基準に五十音順（あ→ん）に並べ替えましょう。

② 「No.」順にレコードを並べ替えましょう。

③ フィルターを使って、「住所1」が「神奈川県」のレコードを抽出しましょう。
さらに、「ジャンル」が「カイロプラクティック」のレコードに絞り込みましょう。

④ フィルターの条件をすべてクリアしましょう。

⑤ 「店舗名」に「整骨」または「整体」が含まれるレコードを抽出しましょう。

⑥ フィルターモードを解除しましょう。

※ブックを保存せずに、閉じておきましょう。

 **Lesson 47** 会員データベースを操作しよう 解答▶P.59

次のようにデータベースを操作しましょう。

File OPEN フォルダー「Excel2019編」のブック「Lesson47」を開いておきましょう。

●完成図

	会員番号	入会年	名前	郵便番号	住所	電話番号	会員種別
					大阪支部　会員リスト		
4	M0001	2019年	佐藤　博美	558-0041	大阪府大阪市住吉区南住吉X-X-X	06-6694-XXXX	ゴールド
5	M0002	2019年	浜崎　宏美	535-0012	大阪府大阪市旭区千林X-X-X	06-6694-XXXX	シルバー
6	M0003	2019年	中岡　好美	565-0826	大阪府吹田市千里万博公園X-X-X	06-6878-XXXX	シルバー
7	M0004	2019年	江原　香	560-0021	大阪府豊中市本町X-X-X	06-6849-XXXX	シルバー
8	M0005	2019年	佐々木　理紗	592-0011	大阪府高石市加茂X-X-X	072-265-XXXX	プラチナ
9	M0006	2019年	中田　由美	535-0004	大阪府大阪市旭区生江X-X-X	090-3921-XXXX	ゴールド
10	M0007	2019年	内田　好恵	550-0001	大阪府大阪市西区土佐堀X-X-X	06-6921-XXXX	ゴールド
11	M0008	2019年	伊東　麻里子	564-0011	大阪府吹田市岸部南X-X-X	06-6921-XXXX	シルバー
12	M0009	2019年	内村　雅和	560-0036	大阪府豊中市蛍池西町X-X-X	06-6843-XXXX	プラチナ
13	M0010	2019年	矢野　伸輔	598-0021	大阪府泉佐野市日根野X-X-X	072-460-XXXX	プラチナ
14	M0011	2019年	若村　和子	569-0065	大阪府高槻市城西町X-X-X	072-675-XXXX	ゴールド
15	M0012	2019年	岡田　義雄	554-0001	大阪府大阪市此花区高見X-X-X	080-6466-XXXX	シルバー
16	M0013	2019年	髙田　浩之	532-0033	大阪府大阪市淀川区新高X-X-X	06-6391-XXXX	シルバー
17	M0014	2019年	笹田　伸吾	564-0062	大阪府吹田市江坂町X-X-X	06-6821-XXXX	プラチナ
29	M0026	2020年	上原　有紀	561-0854	大阪府豊中市稲津町X-X-X	06-6867-XXXX	シルバー
30	M0027	2020年	井上　由紀子	564-0052	大阪府吹田市広芝町X-X-X	06-6386-XXXX	シルバー
31	M0028	2020年	夏川　彩菜	558-0041	大阪府大阪市住吉区南住吉X-X-X	06-6694-XXXX	プラチナ
32	M0029	2020年	吉田　千亜妃	535-0002	大阪府大阪市旭区大宮X-X-X	06-6954-XXXX	プラチナ
33	M0030	2020年	田村　すずえ	564-0011	大阪府吹田市岸部南X-X-X	06-6319-XXXX	プラチナ

①セル範囲【B3：H33】をテーブルに変換しましょう。

> **Hint!** 《挿入》タブ→《テーブル》グループを使います。セル範囲をテーブルに変換すると、自動的に書式が設定され、フィルターモードになります。

②テーブルにテーブルスタイル「薄い緑、テーブルスタイル（淡色）21」を適用しましょう。

③「入会年」が「2020年」のレコードを抽出しましょう。
さらに、「会員種別」が「プラチナ」のレコードに絞り込みましょう。

④フィルターの条件をすべてクリアしましょう。

⑤「会員種別」を基準に「プラチナ」「ゴールド」「シルバー」の順番にレコードを並べ替えましょう。

> **Hint!** 《並べ替え》ダイアログボックスの《順序》で《ユーザー設定リスト》を選択し、並べ替える順番に《リストの項目》を入力します。

⑥「会員番号」順にレコードを並べ替えましょう。

※ブックに「Lesson47完成」と名前を付けて、フォルダー「Excel2019編」に保存し、閉じておきましょう。

Lesson 48 施設データベースを操作しよう 解答 ▶ P.60

次のようにデータベースを操作しましょう。

 フォルダー「Excel2019編」のブック「Lesson48」を開いておきましょう。

●完成図

A	B	C	D	E	F	G
1		城北地区　指定介護施設一覧				
2						
3	No.	事業所名	所在地	電話番号	事業所区分	
4	1	あいあいデイサービスホーム	市川市相之川X-X-X	047-245-XXXX	通所介護事業所	
5	2	愛育会訪問看護ステーションさくらんぼ	市川市鬼高X-X-X	047-239-XXXX	訪問看護ステーション	
6	3	相沢胃腸科医院	君津市愛宕X-X-X	043-956-XXXX	訪問看護ステーション	
7	4	旭クリーンサービス	佐倉市青菅X-X-X	043-484-XXXX	訪問入浴介護事業所	
8	5	いきいき訪問看護ステーション	野田市岡田X-X-X	047-121-XXXX	訪問看護ステーション	
9	6	いつき船橋訪問看護ステーション	船橋市駿河台X-X-X	047-463-XXXX	訪問看護ステーション	
10	7	介護サポート赤松商店	市川市幸X-X-X	047-321-XXXX	福祉用具貸与事業所	
11	8	介護用品おかだ	八千代市大学町X-X-X	047-483-XXXX	福祉用具貸与事業所	
12	9	北浦総合病院	市川市河原X-X-X	047-357-XXXX	通所リハビリテーション事業所	
13	10	共同診療所円友会	四街道市美しが丘X-X-X	043-321-XXXX	通所リハビリテーション事業所	
14	11	クラリスサービス	船橋市二宮X-X-X	047-412-XXXX	訪問入浴介護事業所	
15	12	グループホームいこい館	四街道市上野X-X-X	043-354-XXXX	短期入所生活介護事業所	
16	13	グループホームみんなの家	市川市香取X-X-X	047-256-XXXX	短期入所生活介護事業所	
17	14	グループホームゆうゆう園	柏市大山台X-X-X	047-133-XXXX	短期入所生活介護事業所	
18	15	こころ介護サービス	柏市あかね町X-X-X	047-321-XXXX	訪問介護事業所	
19	16	小西病院	木更津市岩根X-X-X	043-823-XXXX	短期入所生活介護事業所	
20	17	サンライズ訪問入浴サービス	市川市国府台X-X-X	047-247-XXXX	訪問入浴介護事業所	
21	18	シルバーサポート健康	柏市岩井X-X-X	047-124-XXXX	福祉用具貸与事業所	
22	19	シルバー福祉組合	市川市相之川X-X-X	047-327-XXXX	訪問入浴介護事業所	
23	20	すこやかケア	船橋市中野木X-X-X	047-463-XXXX	訪問介護事業所	
24	21	鈴木医院通所介護所	市川市河原X-X-X	047-368-XXXX	通所介護事業所	
25	22	たいよう介護サービス	東金市大沼田X-X-X	047-550-XXXX	訪問介護事業所	
26	23	たつみ内科胃腸科循環器科医院	船橋市丸山X-X-X	047-475-XXXX	短期入所生活介護事業所	
27	24	たなか訪問入浴サービス	市川市塩浜X-X-X	047-358-XXXX	訪問入浴介護事業所	
28	25	チェリー介護ステーション	船橋市旭町X-X-X	047-410-XXXX	訪問介護事業所	
29	26	通所介護施設とまり木	市川市大野町X-X-X	047-201-XXXX	通所介護事業所	
30	27	つつじヶ丘サービス	銚子市愛宕町X-X-X	047-921-XXXX	訪問入浴介護事業所	
31	28	つつじリハビリサービス	木更津市有吉X-X-X	043-813-XXXX	通所リハビリテーション事業所	
32	29	デイサービスセンターあけの	浦安市今川X-X-X	047-306-XXXX	通所介護事業所	
33	30	デイサービスセンターくれない	佐倉市岩富X-X-X	043-486-XXXX	通所介護事業所	
34	31	デイサービスセンター集いの家	浦安市北栄X-X-X	047-216-XXXX	通所介護事業所	
35	32	デイサービスセンターみんな	野田市小山X-X-X	047-245-XXXX	通所介護事業所	
36	33	デイサービスセンター山本	八千代市大学町X-X-X	047-471-XXXX	通所介護事業所	
37	34	堂本病院	市川市大野町X-X-X	047-367-XXXX	短期入所生活介護事業所	
38	35	特別養護老人ホーム桜華園	浦安市富岡X-X-X	047-324-XXXX	短期入所生活介護事業所	
39	36	特別養護老人ホーム春風	佐倉市岩富X-X-X	043-248-XXXX	短期入所生活介護事業所	
40	37	ドラッグやまもと	八千代市勝田台X-X-X	047-485-XXXX	福祉用具貸与事業所	
41	38	羽田胃腸科医院	木更津市江川X-X-X	043-825-XXXX	通所リハビリテーション事業所	
52	49	訪問入浴サービスセンターたじり	浦安市舞浜X-X-X	047-203-XXXX	訪問入浴介護事業所	
53	50	前田町デイサービスセンター	浦安市美浜X-X-X	047-245-XXXX	通所介護事業所	
54	51	マツザキレンタル	船橋市中野木X-X-X	047-541-XXXX	福祉用具貸与事業所	
55	52	松田病院	浦安市富岡X-X-X	047-427-XXXX	訪問看護ステーション	
56	53	みつはしサービスセンター	船橋市上山町X-X-X	047-453-XXXX	訪問介護事業所	
57	54	未来訪問介護事業所	浦安市今川X-X-X	047-356-XXXX	訪問介護事業所	
58	55	めぐみ病院	八千代市勝田台X-X-X	047-481-XXXX	通所リハビリテーション事業所	
59	56	やまと病院	浦安市北栄X-X-X	047-258-XXXX	通所リハビリテーション事業所	
60	57	友愛会佐々木整形外科病院	浦安市今川X-X-X	047-304-XXXX	通所リハビリテーション事業所	
61	58	友共会飯田病院	木更津市江川X-X-X	043-523-XXXX	通所リハビリテーション事業所	
62	59	夕陽クリニックデイサービス	船橋市丸山X-X-X	047-468-XXXX	通所介護事業所	
63	60	ライラックジャパン	浦安市舞浜X-X-X	047-276-XXXX	福祉用具貸与事業所	
64	61	リズム・デイサービスセンター	浦安市美浜X-X-X	047-286-XXXX	通所介護事業所	
65	62	わくわくホームサービス	船橋市市場X-X-X	047-124-XXXX	訪問介護事業所	
66	集計					62
67						

▶「事業者名」に「病院」または「医院」を含むレコードを抽出

No.	事業所名	所在地	電話番号	事業所区分
3	相沢胃腸科医院	君津市愛宕X-X-X	043-956-XXXX	訪問看護ステーション
9	北浦総合病院	市川市河原X-X-X	047-357-XXXX	通所リハビリテーション事業所
16	小西病院	木更津市岩根X-X-X	043-823-XXXX	短期入所生活介護事業所
21	鈴木医院通所介護所	市川市河原X-X-X	047-368-XXXX	通所介護事業所
23	たつみ内科胃腸科循環器科医院	船橋市丸山X-X-X	047-475-XXXX	短期入所生活介護事業所
34	堂本病院	市川市大野町X-X-X	047-367-XXXX	短期入所生活介護事業所
38	羽根胃腸科医院	木更津市江川X-X-X	043-825-XXXX	通所リハビリテーション事業所
52	松田病院	浦安市富岡X-X-X	047-427-XXXX	訪問看護ステーション
55	めぐみ病院	八千代市勝田台X-X-X	047-481-XXXX	通所リハビリテーション事業所
56	やまと病院	浦安市北栄X-X-X	047-258-XXXX	通所リハビリテーション事業所
57	友愛会佐々木整形外科病院	浦安市今川X-X-X	047-304-XXXX	通所リハビリテーション事業所
58	友共会飯田病院	木更津市江川X-X-X	043-523-XXXX	通所リハビリテーション事業所
集計				12

▶「所在地」が「市川市」のレコードを抽出、さらに「事業所区分」に「訪問」を含むレコードに絞り込み

No.	事業所名	所在地	電話番号	事業所区分
2	愛育会訪問看護ステーションさくらんぼ	市川市鬼高X-X-X	047-239-XXXX	訪問看護ステーション
17	サンライズ訪問入浴サービス	市川市国府台X-X-X	047-247-XXXX	訪問入浴介護事業所
19	シルバー福祉組合	市川市相之川X-X-X	047-327-XXXX	訪問入浴介護事業所
24	たなか訪問入浴サービス	市川市塩浜X-X-X	047-358-XXXX	訪問入浴介護事業所
43	ヘルパーステーション平安	市川市大野町X-X-X	047-255-XXXX	訪問介護事業所
集計				5

①セル範囲【B3:F65】をテーブルに変換しましょう。

②テーブルにテーブルスタイル「**白、テーブルスタイル(中間)4**」を適用しましょう。

③テーブルの最終行に集計行を表示し、「**事業所区分**」のデータの個数を表示しましょう。

④「**事業所区分**」が「**訪問看護ステーション**」のレコードを抽出しましょう。

⑤「**事業所区分**」からフィルターをクリアしましょう。

⑥「**事業所名**」に「**病院**」または「**医院**」を含むレコードを抽出しましょう。

⑦「**事業所名**」からフィルターをクリアしましょう。

⑧「**所在地**」が「**市川市**」のレコードを抽出しましょう。
　さらに、「**事業所区分**」に「**訪問**」を含むレコードに絞り込みましょう。

⑨フィルターの条件をすべてクリアしましょう。

※ブックに「Lesson48完成」と名前を付けて、フォルダー「Excel2019編」に保存し、閉じておきましょう。

完成図のような表とグラフを作成しましょう。

 **File OPEN** フォルダー「Excel2019編」のブック「Lesson49」のシート「開催状況」を開いておきましょう。

●完成図

シート「開催状況」

	A	B	C	D	E	F	G	H	I	J	K
1	パソコンセミナー開催状況										
2											
3	No.	開催日	開催地	区分	セミナー名	受講料	定員	受講者数	受講率	売上金額	
4	1	4月1日(水)	福岡県	Excel	速習Excel 2019	10,000	30	28	93%	280,000	
5	2	4月1日(水)	福岡県	Word	速習Word 2019	10,000	30	20	67%	200,000	
6	3	4月2日(木)	福岡県	PowerPoint	PowerPoint 2019 Basic	15,000	20	18	90%	270,000	
7	4	4月4日(土)	福岡県	PowerPoint	PowerPoint 2019 Advance	18,000	15	15	100%	270,000	
8	5	4月6日(月)	長崎県	Excel	速習Excel 2019	10,000	30	26	87%	260,000	
9	6	4月7日(火)	大分県	Word	Word 2019 Advance	18,000	15	10	67%	180,000	
10	7	4月7日(火)	長崎県	PowerPoint	PowerPoint 2019 Basic	15,000	20	8	40%	120,000	
11	8	4月8日(水)	熊本県	Word	Word 2019 Basic	15,000	20	15	75%	225,000	
12	9	4月10日(金)	佐賀県	Excel	Excel 2019 Basic	15,000	20	18	90%	270,000	
13	10	4月10日(金)	佐賀県	Excel	Excel 2019 Basic	15,000	20	20	100%	300,000	
14	11	4月14日(火)	宮崎県	Excel	Excel 2019 Basic	15,000	20	18	90%	270,000	
15	12	4月14日(火)	福岡県	Excel	Excel 2019 Advance	18,000	15	11	73%	198,000	
16	13	4月15日(水)	長崎県	PowerPoint	PowerPoint 2019 Advance	18,000	15	10	67%	180,000	
17	14	4月16日(木)	大分県	PowerPoint	PowerPoint 2019 Basic	15,000	20	10	50%	150,000	
18	15	4月21日(火)	大分県	PowerPoint	PowerPoint 2019 Advance	18,000	15	15	100%	270,000	
19	16	4月21日(火)	福岡県	Word	Word 2019 Advance	18,000	15	15	100%	270,000	
20	17	4月22日(水)	長崎県	Excel	Excel 2019 Basic	15,000	20	17	85%	255,000	
21	18	4月24日(金)	長崎県	PowerPoint	PowerPoint 2019 Basic	15,000	20	9	45%	135,000	
22	19	4月27日(月)	宮崎県	Word	速習Word 2019	10,000	30	29	97%	290,000	
23	20	4月27日(月)	大分県	Excel	速習Excel 2019	10,000	30	21	70%	210,000	
24	21	4月30日(木)	大分県	Excel	Excel 2019 Basic	15,000	20	20	100%	300,000	
25	22	5月8日(金)	福岡県	Excel	Excel 2019 Advance	18,000	15	13	87%	234,000	
26	23	5月8日(金)	宮崎県	Word	Word 2019 Advance	18,000	15	15	100%	270,000	
27	24	5月9日(土)	福岡県	Excel	Excel 2019 Basic	15,000	20	15	75%	225,000	
28	25	5月11日(月)	福岡県	Excel	速習Excel 2019	10,000	30	14	47%	140,000	
29	26	5月11日(月)	長崎県	Excel	Excel 2019 Basic	15,000	20	18	90%	270,000	
30	27	5月12日(火)	長崎県	Excel	Excel 2019 Basic	15,000	20	20	100%	300,000	
31	28	5月15日(金)	宮崎県	PowerPoint	PowerPoint 2019 Advance	18,000	15	15	100%	270,000	
32	29	5月16日(土)	長崎県	Excel	速習Excel 2019	10,000	30	12	40%	120,000	
33	30	5月20日(水)	熊本県	Word	速習Word 2019	10,000	30	25	83%	250,000	
34	31	5月20日(水)	長崎県	Word	Word 2019 Basic	15,000	20	14	70%	210,000	
35	32	5月21日(木)	長崎県	Word	Word 2019 Advance	18,000	15	6	40%	108,000	
36	33	5月25日(月)	熊本県	PowerPoint	PowerPoint 2019 Basic	15,000	20	18	90%	270,000	
37	34	5月26日(火)	福岡県	Excel	Excel 2019 Basic	15,000	20	14	70%	210,000	
38	35	5月30日(土)	福岡県	Excel	Excel 2019 Advance	18,000	15	8	53%	144,000	
39	36	6月1日(月)	福岡県	PowerPoint	PowerPoint 2019 Advance	18,000	15	11	73%	198,000	
40	37	6月1日(月)	長崎県	Excel	速習Excel 2019	10,000	30	25	83%	250,000	
41	38	6月2日(火)	大分県	Word	Word 2019 Advance	18,000	15	6	40%	108,000	
42	39	6月3日(水)	福岡県	Excel	速習Excel 2019	10,000	30	30	100%	300,000	
43	40	6月5日(金)	長崎県	Excel	速習Excel 2019	10,000	30	24	80%	240,000	
44	41	6月5日(金)	福岡県	PowerPoint	PowerPoint 2019 Advance	18,000	15	15	100%	270,000	
45	42	6月9日(火)	宮崎県	PowerPoint	PowerPoint 2019 Advance	18,000	15	12	80%	216,000	
46	43	6月11日(木)	福岡県	Excel	Excel 2019 Basic	15,000	20	18	90%	270,000	
47	44	6月12日(金)	福岡県	Excel	Excel 2019 Basic	15,000	20	16	80%	240,000	
48	45	6月12日(金)	長崎県	Excel	Excel 2019 Basic	15,000	20	16	80%	240,000	
49	46	6月15日(月)	長崎県	PowerPoint	PowerPoint 2019 Basic	15,000	20	20	100%	300,000	
50	47	6月16日(火)	大分県	Excel	速習Excel 2019	10,000	30	17	57%	170,000	
51	48	6月18日(木)	大分県	Excel	Excel 2019 Basic	15,000	20	20	100%	300,000	
52	49	6月25日(木)	宮崎県	Word	Word 2019 Advance	18,000	15	15	100%	270,000	
53	50	6月25日(木)	熊本県	Word	Word 2019 Basic	15,000	20	18	90%	270,000	
54											

開催状況 | セミナー別集計 | 地域別集計 | 集計グラフ | ⊕

シート「セミナー別集計」

	A	B	C	D	E	F
1	セミナー別売上集計					
2						
3	区分	セミナー名	4月	5月	6月	合計
4	Word	速習Word 2019	490,000	250,000	0	740,000
5		Word 2019 Basic	225,000	210,000	270,000	705,000
6		Word 2019 Advance	450,000	378,000	378,000	1,206,000
7	Word 小計		1,165,000	838,000	648,000	2,651,000
8	Excel	速習Excel 2019	750,000	260,000	960,000	1,970,000
9		Excel 2019 Basic	1,395,000	1,005,000	1,050,000	3,450,000
10		Excel 2019 Advance	198,000	378,000	0	576,000
11	Excel 小計		2,343,000	1,643,000	2,010,000	5,996,000
12	PowerPoint	PowerPoint 2019 Basic	675,000	270,000	300,000	1,245,000
13		PowerPoint 2019 Advance	720,000	270,000	684,000	1,674,000
14	PowerPoint 小計		1,395,000	540,000	984,000	2,919,000
15	総計		4,903,000	3,021,000	3,642,000	11,566,000
16						

開催状況 | セミナー別集計 | 地域別集計 | 集計グラフ ... ⊕

シート「地域別集計」

	A	B	C
1	地域別集計		
2			
3	開催地	受講者数	売上金額
4	福岡県	261	3,719,000
5	大分県	119	1,688,000
6	長崎県	225	2,988,000
7	熊本県	76	1,015,000
8	佐賀県	38	570,000
9	宮崎県	104	1,586,000
10	合計	823	11,566,000
11			

開催状況 | セミナー別集計 | 地域別集計 | 集計グラフ ... ⊕

Word 2019編

Excel 2019編

シート「集計グラフ」

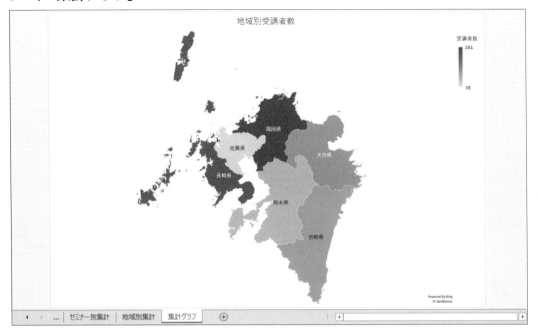

① シート「開催状況」のセル【I4】に「受講率」を求めましょう。
　次に、セル【I4】の数式をセル範囲【I5:I53】にコピーしましょう。

Hint! 「受講率」は「受講者数÷定員」で求めます。

② セル範囲【I4:I53】の数値がパーセントで表示されるように設定しましょう。

③ シート「開催状況」のセル【J4】に「売上金額」を求めましょう。
　次に、セル【J4】の数式をセル範囲【J5:J53】にコピーしましょう。

④ セル範囲【J4:J53】の数値に3桁区切りカンマを付けましょう。

⑤ シート「セミナー別集計」のセル【C4】に「速習Word 2019」の「4月」の集計
　を求めましょう。
　次に、セル【C4】の数式をセル【C8】とセル【C12】にコピーしましょう。

Hint! SUMIF関数を使って、数式を入力します。SUMIF関数は、「=SUMIF（範囲、検索条件、合計範囲）」のように引数を指定します。

⑥ セル【C4】の数式をセル範囲【C5:C6】に、セル【C8】の数式をセル範囲
　【C9:C10】に、セル【C12】の数式をセル【C13】にそれぞれコピーしましょう。

⑦ 「5月」と「6月」の集計を求めましょう。

⑧ 「合計」「Word 小計」「Excel 小計」「PowerPoint 小計」「総計」を求めましょう。

⑨ シート「地域別集計」のセル【B4】に「福岡県」の「受講者数」、セル【C4】に「福岡県」の「売上金額」を集計しましょう。
次に、セル範囲【B4:C4】の数式をセル範囲【B5:C9】にコピーしましょう。

⑩ セル範囲【B10:C10】に「合計」を求めましょう。

⑪ シート「地域別集計」のセル範囲【A3:B9】をもとに地域別の受講者数を表すマップグラフを作成し、次のように設定しましょう。

マップ投影	：メルカトル
マップ領域	：データが含まれる地域のみ
マップラベル	：すべて表示

⑫ 作成したグラフを新しいシート「集計グラフ」に移動しましょう。

⑬ グラフタイトルを「地域別受講者数」に変更しましょう。

⑭ シート「集計グラフ」を一番右に移動しましょう。

※ブックに「Lesson49完成」と名前を付けて、フォルダー「Excel2019編」に保存し、閉じておきましょう。

Lesson50 アンケートの集計表と集計グラフを作成しよう

解答 ▶ P.63

完成図のようなピボットテーブルとピボットグラフを作成しましょう。

フォルダー「Excel2019編」のブック「Lesson50」を開いておきましょう。

●完成図

シート「アンケート明細」

▲	A	B	C	D	E	F	G	H
1		衆議院総選挙緊急アンケート						
2		設問(1) 総選挙に投票に行きますか？						
3				A：必ず行く　　B：なるべく行く　　C：行かない　　D：わからない				
4								
5		設問(2) 投票するポイントは何ですか？						
6				A：政党や候補者の実績　B：政党や候補者の政策・公約　C：日頃の支持政党や支持候補者　D：党首の指導力　E：その他				
7		設問(3) 最も関心のある政策課題は何ですか？						
8				A：景気雇用対策　B：年金改革　C：エネルギー対策　D：教育改革　E：地域活性化対策　F：外交政策　G：その他				
9								
10		No.	性別	年代	設問(1)	設問(2)	設問(3)	
11		1	女	18～29歳	A：必ず行く	B：政党や候補者の政策・公約	A：景気雇用対策	
12		2	男	70歳以上	A：必ず行く	A：政党や候補者の実績	E：地域活性化対策	
13		3	男	30～39歳	B：なるべく行く	B：政党や候補者の政策・公約	C：エネルギー対策	
14		4	女	50～59歳	A：必ず行く	B：政党や候補者の政策・公約	B：年金改革	
15		5	男	60～69歳	A：必ず行く	B：政党や候補者の政策・公約	B：年金改革	
16		6	男	18～29歳	B：なるべく行く	B：政党や候補者の政策・公約	B：年金改革	
17		7	男	50～59歳	A：必ず行く	B：政党や候補者の政策・公約	C：エネルギー対策	
18		8	女	40～49歳	B：なるべく行く	C：日頃の支持政党や支持候補者	D：教育改革	
19		9	女	30～39歳	A：必ず行く	B：政党や候補者の政策・公約	C：エネルギー対策	
20		10	女	30～39歳	A：必ず行く	B：政党や候補者の政策・公約	B：年金改革	
21		11	女	50～59歳	A：必ず行く	B：政党や候補者の政策・公約	B：年金改革	
22		12	女	18～29歳	A：必ず行く	D：党首の指導力	B：年金改革	
23		13	女	30～39歳	A：必ず行く	B：政党や候補者の政策・公約	B：年金改革	
24		14	女	50～59歳	A：必ず行く	E：その他	D：教育改革	
25		15	女	60～69歳	A：必ず行く	B：政党や候補者の政策・公約	F：外交政策	
26		16	男	50～59歳	A：必ず行く	B：政党や候補者の政策・公約	A：景気雇用対策	
27		17	男	30～39歳	A：必ず行く	A：政党や候補者の実績	B：年金改革	
28		18	男	50～59歳	A：必ず行く	B：政党や候補者の政策・公約	B：年金改革	
29		19	女	30～39歳	A：必ず行く	C：日頃の支持政党や支持候補者	D：教育改革	
30		20	女	30～39歳	A：必ず行く	B：政党や候補者の政策・公約	B：年金改革	
31		21	女	40～49歳	A：必ず行く	C：日頃の支持政党や支持候補者	A：景気雇用対策	
32		22	女	50～59歳	A：必ず行く	B：政党や候補者の政策・公約	A：景気雇用対策	
33		23	男	30～39歳	C：行かない	C：日頃の支持政党や支持候補者	B：年金改革	
34		24	男	18～29歳	A：必ず行く	B：政党や候補者の政策・公約	A：景気雇用対策	
35		25	男	50～59歳	B：なるべく行く	C：日頃の支持政党や支持候補者	B：年金改革	
36		26	女	30～39歳	A：必ず行く	B：政党や候補者の政策・公約	B：年金改革	
37		27	男	70歳以上	A：必ず行く	B：政党や候補者の政策・公約	E：地域活性化対策	
38		28	男	18～29歳	A：必ず行く	B：政党や候補者の政策・公約	E：地域活性化対策	
39		29	女	18～29歳	A：必ず行く	B：政党や候補者の政策・公約	B：年金改革	
40		30	男	40～49歳	B：なるべく行く	A：政党や候補者の実績	E：地域活性化対策	
41		31	男	60～69歳	A：必ず行く	B：政党や候補者の政策・公約	A：景気雇用対策	
			女	50～59歳	A：必ず行く	A：政党や候補者の実績	A：景気雇用対策	
302		292	女	40～49歳	B：なるべく行く	B：政党や候補者の政策・公約	C：エネルギー対策	
303		293	女	18～29歳	A：必ず行く	B：政党や候補者の政策・公約	A：景気雇用対策	
304		294	男	30～39歳	A：必ず行く	B：政党や候補者の政策・公約	E：地域活性化対策	
305		295	男	50～59歳	A：必ず行く	B：政党や候補者の政策・公約	A：景気雇用対策	
306		296	男	60～69歳	A：必ず行く	B：政党や候補者の政策・公約	A：景気雇用対策	
307		297	女	50～59歳	B：なるべく行く	B：政党や候補者の政策・公約	A：景気雇用対策	
308		298	女	60～69歳	A：必ず行く	C：日頃の支持政党や支持候補者	B：年金改革	
309		299	女	50～59歳	A：必ず行く	B：政党や候補者の政策・公約	C：エネルギー対策	
310		300	女	60～69歳	A：必ず行く	A：政党や候補者の実績	B：年金改革	
311								
312								

アンケート明細 ／ 集計表 ／ 集計グラフ ／ ＋

シート「集計表」

	A	B	C	D	E	F	G	H	I
1									
2									
3	個数 / 設問(3)	列ラベル ▾							
4	行ラベル ▾	18〜29歳	30〜39歳	40〜49歳	50〜59歳	60〜69歳	70歳以上	総計	
5	A：景気雇用対策	22	21	21	21	20	11	116	
6	B：年金改革	10	11	10	12	16	12	71	
7	C：エネルギー対策	7	3	3	6	4	6	29	
8	D：教育改革	4	8	8	4	2	5	31	
9	E：地域活性化対策	2	4	3	4	2	12	27	
10	F：外交政策	4	2	4	2	3	3	18	
11	G：その他	1	1	1	1	3	1	8	
12	総計	50	50	50	50	50	50	300	
13									
14									

アンケート明細　集計表　集計グラフ　⊕

シート「集計グラフ」

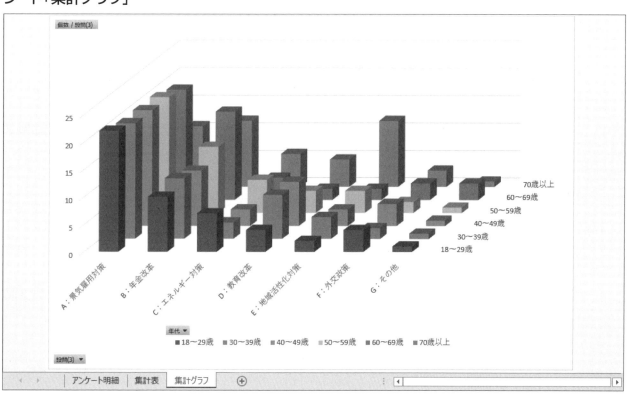

アンケート明細　集計表　集計グラフ　⊕

① 表のデータをもとに、次の設定でピボットテーブルを新しいシートに作成しましょう。

> 行ラベルエリア ：設問（1）
> 列ラベルエリア ：年代
> 値エリア 　　　：設問（1）

※値エリアに文字列のフィールドを配置すると、データの個数が集計されます。

Hint! 《挿入》タブ→《テーブル》グループを使います。ピボットテーブルを作成すると、フィールドごとに様々な集計を行えるようになります。

② レポートフィルターエリアに「性別」を配置し、「女」のデータだけに絞り込んで集計しましょう。

③ レポートフィルターエリアの「性別」を削除しましょう。

④ 行ラベルエリアと値エリアの「設問（1）」を「設問（3）」にそれぞれ入れ替えましょう。

Hint! 各エリアから「設問（1）」を削除し、「設問（3）」をドラッグします。

⑤ ピボットテーブルをもとに、関心のある政策課題を年代別に表す3-D縦棒グラフを新しいシートに作成しましょう。

⑥ 完成図を参考に、凡例の位置を変更しましょう。

⑦ グラフエリアのフォントサイズを11ポイントに設定しましょう。

⑧ シート「Sheet1」のシート名を「集計表」、シート「グラフ1」のシート名を「集計グラフ」に変更しましょう。

⑨ シートが「アンケート明細」「集計表」「集計グラフ」と並ぶように移動しましょう。

※ブックに「Lesson50完成」と名前を付けて、フォルダー「Excel2019編」に保存し、閉じておきましょう。

よくわかる
Microsoft® Word 2019 & Microsoft® Excel® 2019 スキルアップ問題集 操作マスター編
（FPT2007）

2020年 9 月30日　初版発行

著作／制作：富士通エフ・オー・エム株式会社

発行者：山下　秀二

発行所：FOM出版（富士通エフ・オー・エム株式会社）
　　　　〒105-6891　東京都港区海岸 1 -16- 1　ニューピア竹芝サウスタワー
　　　　https://www.fujitsu.com/jp/fom/

印刷／製本：アベイズム株式会社

表紙デザインシステム：株式会社アイロン・ママ

📖 FOM出版 のシリーズラインアップ

定番の よくわかる シリーズ

「よくわかる」シリーズは、長年の研修事業で培ったスキルをベースに、ポイントを押さえたテキスト構成になっています。すぐに役立つ内容を、丁寧に、わかりやすく解説しているシリーズです。

資格試験の よくわかるマスター シリーズ

「よくわかるマスター」シリーズは、IT資格試験の合格を目的とした試験対策用教材です。

■MOS試験対策

■情報処理技術者試験対策

ITパスポート試験 　　　　基本情報技術者試験

FOM出版テキスト 最新情報 のご案内

FOM出版では、お客様の利用シーンに合わせて、最適なテキストをご提供するために、様々なシリーズをご用意しています。

FOM出版 🔍検索

https://www.fom.fujitsu.com/goods/

FAQ のご案内

[テキストに関する よくあるご質問]

FOM出版テキストのお客様Q&A窓口に皆様から多く寄せられたご質問に回答を付けて掲載しています。

FOM出版 FAQ 🔍検索

https://www.fom.fujitsu.com/goods/faq/